普通高等院校"十四五"精品教材

# 单片机原理及接口技术

主 编 ◎ 刘尘尘　谢　平　郭秋滟

副主编 ◎ 杜正聪　杨兴春　刘昌林

西南交通大学出版社

·成都·

**图书在版编目（ＣＩＰ）数据**

单片机原理及接口技术 / 刘尘尘，谢平，郭秋滟主编. —成都：西南交通大学出版社，2021.8
普通高等院校"十四五"精品教材
ISBN 978-7-5643-8214-8

Ⅰ. ①单… Ⅱ. ①刘… ②谢… ③郭… Ⅲ. ①单片微型计算机 – 基础理论 – 高等学校 – 教材②单片微型计算机 – 接口技术 – 高等学院 – 教材 Ⅳ. ①TP368.1

中国版本图书馆 CIP 数据核字（2021）第 165110 号

普通高等院校"十四五"精品教材

Danpianji Yuanli ji Jiekou Jishu
**单片机原理及接口技术**

主 编／刘尘尘 谢 平 郭秋滟

责任编辑／穆 丰
封面设计／何东琳设计工作室

西南交通大学出版社出版发行

（四川省成都市金牛区二环路北一段 111 号西南交通大学创新大厦 21 楼 610031）
发行部电话：028-87600564 028-87600533
网址：http://www.xnjdcbs.com
印刷：成都蜀雅印务有限公司

成品尺寸 185 mm×260 mm
印张 19 字数 462 千
版次 2021 年 8 月第 1 版 印次 2021 年 8 月第 1 次

书号 ISBN 978-7-5643-8214-8
定价 49.00 元

# 前 言
PREFACE

单片机教学团队自 2016 年筹备稿件，到 2021 年出版发行，历时六年，终于向大家推出四川省地方普通本科高校应用型示范课程教材——《单片机原理及接口技术》。

在团队近二十年的单片机教学过程中，使用过相同类型的教材若干，在这些教材中，都是以单片机的结构为主线，先讲单片机的硬件结构，然后是指令，接着是软件编程，最后是单片机系统的扩展和各种外围器件的应用，没有虚拟仿真和面向就业的基本内容。大量学生和单片机爱好者浅度学习上述教材后，对单片机望而生畏，打退堂鼓。总之，传统单片机教材在编写过程中没有考虑到初学者的接受能力，使得学习过程荆棘丛生，本来是一门能够凸显应用型特点的课程，但被很多人认为入门难度大。

基于上述情况，单片机教学团队根据虚拟仿真技术、混合式课程改革发展要求，主动对接产业，深入开展产教融合，开拓科教创新，对课程自 2018 年开展混合式课程改革，截至 2021 年，已经取得初步成效。结合校企合作、就业需求，在传统单片机教材基础上，加入 Proteus 仿真、IIC、SPI 等社会需求热点知识，重新构建一本完整的具有应用型特点的单片机支撑教材，为进一步促进学生和单片机爱好者入门该课程，熟悉该架构，奠定好基础。

教材的完成，首先要感谢的是关心和帮助课程团队的领导、老师们，正是得到你们多年来持续不断的关怀、支持、鼓励，才使得书中的点点滴滴最终得以沉淀，尤其要感谢杜正聪教授在书籍修订时一丝不苟的检查。其次，还要感谢提供产教融合和校企合作的四川中烟西昌卷烟厂的刘昌林老师，其根据实践经验指导编写第十章和第十一章内容。最后要感谢参考文献各编写团队的不懈帮助和西南交通大学出版社的共同努力。

由于笔者水平有限，书中难免有不妥和疏漏之处，欢迎指正。

西昌学院"单片机原理及接口技术"课程团队

2021 年 8 月 1 日

# 目 录
CONTENTS

# 第一章

# 绪　论

## 1.1 单片机概述

### 1.1.1 什么是单片机

单片机是一种集成电路芯片（也称为微控制器、嵌入式控制器），是采用超大规模集成电路技术把具有数据处理能力的中央处理器（CPU）、随机存储器（RAM）、只读存储器（ROM），以及多种 I/O 口和中断系统、定时器/计数器等（还包括显示驱动电路、脉宽调制电路、模拟多路转换器、A/D 转换器等电路）集成到一块硅片上构成的一个小而完善的微型计算机系统，在工业控制领域广泛应用。与通用的计算机不同，单片机的指令功能是按照工业控制的要求设计，因此它又被称为微控制器（Micro Controller Unit，MCU）。随着集成电路技术的发展，单片机片内集成的功能越来越强大，并朝着 SOC（片上系统）方向发展。

近几年单片机以其体积微小、价格低廉、可靠性高，广泛应用于工业控制系统、数据采集系统、智能化仪器仪表、通信设备及日常消费类产品等。单片机技术开发和应用水平已成为衡量一个国家工业化发展水平的标志之一。

### 1.1.2 单片机的特点

单片机作为微型计算机的一个分支，与一般的微型计算机没有本质上的区别，同样具有快速、精确、记忆功能和逻辑判断能力等特点。但单片机是集成在一块芯片上的微型计算机，它与一般的微型计算机相比，在硬件结构和指令设置上均有独到之处，其主要特点有：

（1）体积小，质量轻；价格低，功能强；电源单一，功耗低；可靠性高，抗干扰能力强。这些是单片机得到迅速普及和发展的主要原因。同时由于它的功耗低，使后期投入成本也大大降低。

（2）使用方便灵活、通用性强。由于单片机本身已构成一个最小系统，只要根据不同的控制对象做相应的改变即可，因而它具有很强的通用性。

（3）目前，大多数单片机采用哈佛（Harvard）结构体系，其数据存储器空间和程序存储器空间相互独立。单片机主要面向测控对象，通常有大量的控制程序和较少的随机数据，将程序和数据分开，使用较大容量的程序存储器来固化程序代码，使用少量的数据存储器来存取随机数据，程序在 ROM 中运行，不易受外界侵害，可靠性高。

（4）突出控制功能的指令系统。单片机的指令系统中有大量的单字节指令，以提高指令运行速度和操作效率；有丰富的位操作指令，满足了对开关量控制的要求；有丰富的转移指令，包括无条件转移指令和条件转移指令。

（5）较低的处理速度和较小的存储容量。因为单片机是一种小而全的微型机系统，它是牺牲运算速度和存储容量来换取其体积小、功耗低等特点。

### 1.1.3 单片机应用

单片机计算机技术的快速发展是基于集成电路技术的迅速发展，其价格也越来越低，满足了用户需求，因此在工业生产等领域得到了广泛应用。随着不断的更新换代，其功能也越来越强大。单片机目前被视为嵌入式微控制器，它最明显的优势就是可以嵌入到各种仪器、设备中，这一点是巨型机不可能做到的。

由于单片机所具有的显著优点，它已成为科技领域的有力工具，以及人们生活的得力助手。它的应用遍及各个领域，主要表现在以下几个方面：

1. 单片机在智能仪表中的应用

由于单片机将一些部件的功能集中整合在一块芯片中，使得计算机系统看起来不是很复杂，形成了完整的单片计算机的应用系统，具有体积小等特点，使仪器仪表的测量功能大为扩展，还方便了维护工作，使自检与测量互不干扰。例如在数字滤波方面（数字滤波是通过数字设备的算法来处理信号，将某个频段的信号经过筛选滤除出去，得到新的信号)，通过单片机的有效控制，提高了可利用信号的使用价值，以平滑加工的形式对信号进行采样，消除噪声等各种干扰因素，使系统运行更加可靠。

2. 单片机在机电一体化产品中的应用

基于单片机技术的机电一体化技术，其自动化水平明显提高，并更趋于稳定和彻底。同时，随着单片机的广泛运用，使得机电一体化技术更具智能化特征。例如，微机控制的机床、机器人等。单片机在机电一体化产品中的应用，极大地提高了设备的智能化，提高了处理能力和处理效率，而且无须占用很大的空间和使用复杂的设备。

3. 单片机在实时控制中的应用

单片机具有较强的实时数据处理能力和控制功能，可满足大多数实时控制系统，使系统保持在最佳工作状态，提高了系统的工作效率和产品质量。同时，它的快速响应性和可靠性使得单片机广泛地用于各种实时控制系统中。例如，在工业测控、航空航天、尖端武器、机器人等各种实时控制系统中，都可以用单片机作为控制器。

4. 单片机在分布式系统中的应用

由于单片机具有通信距离远、实时性强、抗干扰能力强、通信接口简单、成本低等优点，比较复杂的分布式控制系统一般以单片机为核心。单片机在这种系统中往往作为一个下位机，安装在系统的节点上，对现场信息进行实时的测量和控制。例如各部件独立控制的机器人，常常采用 RS-232C 转 RS-485，实现一对多控制。

5. 单片机在日常生活中的应用

随着单片机集成度的不断提高与价格的不断降低，其已经融入我们日常生活的方方面面，使人们生活更加方便、舒适、丰富多彩。例如，手机、洗衣机、电冰箱、电子玩具、收音机等配上单片机后，提高了智能化程度，增加了许多功能，备受人们喜爱。

综上所述，单片机已成为计算机发展和应用的一个重要方面。单片机可以在很多场合得以应用，学好单片机可以使我们更好地融入现代化生活。

### 1.1.4　单片机的发展

单片机作为微型计算机的一个重要分支，应用广，发展快，如果将 8 位单片机的推出作为起点，那么单片机的发展历史大致可分为以下几个阶段：

孕育阶段（1971—1976）：1971年，Intel公司的霍夫研制成功了世界上第一块4位微处理器芯片Intel 4004，标志着第一代微处理器问世，微处理器和微机时代从此开始。因发明了微处理器，霍夫被英国《经济学家》杂志列为"二战以来最有影响力的7位科学家"之一。

第一阶段（1976—1978）：单片机的初级阶段。该阶段以Intel公司的MCS-48为代表。MCS-48的推出是单片机在工控领域的探索，参与这一探索的公司还有Motorola、Zilog等，都取得了满意的效果。这是SCM（Single Chip Microcompter）的诞生年代，"单片机"一词即由此而来。这时的单片机内部集成有8位CPU、I/O接口、8位定时器/计数器，寻址范围不大于4 KB，具有简单的中断功能，无串行接口。

第二阶段（1978—1982）：单片机的完善阶段。Intel公司在MCS-48基础上推出了完善的、典型的单片机系列MCS-51。它在以下几个方面奠定了典型的通用总线型单片机体系结构：① 完善的外部总线，MCS-51设置了经典的8位单片机的总线结构，包括8位数据总线、16位地址总线、控制总线及具有多机通信功能的串行通信接口；② CPU外围功能单元的集中管理模式；③ 体现工控特性的位地址空间及位操作方式；④ 指令系统趋于完善，并且增加了许多突出控制功能的指令。

第三阶段（1982—1992）：8位单片机的巩固发展及16位单片机的推出阶段，也是单片机向微控制器发展的阶段。Intel公司推出的MCS-96系列单片机，将一些用于测控系统的模数转换器、程序运行监视器、脉宽调制器等纳入片中，体现了单片机的微控制器特征。随着MCS-51系列的广泛应用，许多厂商竞相使用8051芯片为内核，将许多测控系统中使用的电路、接口、多通道AD转换部件、可靠性技术等应用到单片机中，增强了外围电路的功能，强化了智能控制的特征。

第四阶段（1993—现在）：微控制器的全面发展阶段。随着单片机在各个领域全面深入地发展和应用，出现了高速、大寻址范围、强运算能力的8位/16位/32位通用型单片机，以及小型廉价的专用型单片机。

## 1.1.5 单片机的发展方向

目前可以说是单片机百花齐放的时期，世界上各大芯片制造公司都推出了自己的单片机，从8位、16位，到32位再到64位，数不胜数，应有尽有，它们各具特色，形成互补，为单片机的应用提供多种选择。接下来，单片机将进一步向着CMOS化、低功耗、小体积、大容量、高性能、低价格和外围电路内装化等方面发展。

### 1. 低功耗CMOS化

CMOS电路具有许多优点，如有极宽的工作电压范围，极佳的低功耗及功耗管理特性等。早期MCS-51系列的8031推出时的功耗达630 mW，而现在的单片机普遍都在100 mW左右，现在的各个单片机制造商基本都采用了CMOS（互补金属氧化物半导体工艺），而80C51采用了HMOS（即高密度金属氧化物半导体工艺）和CHMOS（互补高密度金属氧化物半导体工艺）。

CMOS虽然功耗较低，但由于其物理特征决定其工作速度不够高，而CHMOS则具备了高速和低功耗的特点，这些特征更适合于在要求低功耗、电池供电的应用场合。所以这种工艺将是今后一段时期单片机发展的主要方向。

### 2. 多功能集成化和微型化

现在的单片机将中央处理器（CPU）、随机存取数据存储（RAM）、只读程序存储器（ROM）、并行和串行通信接口，中断系统、定时电路、时钟电路、A/D 转换器、PMW（脉宽调制电路）、WDT（看门狗）、LCD（液晶）驱动电路都集成在单一的芯片上，这样其包含的单元电路就更多，功能就更强大。甚至单片机厂商还可以根据用户的要求进行量身定做，制造出具有自定义特色的集成型单片机芯片。此外，现在的产品普遍要求体积小、重量轻，这就要求单片机除了功能强和功耗低外，还要求其体积要小。现在的许多单片机都具有多种封装形式，其中 SMD（表面封装）越来越受欢迎，使得由单片机构成的系统正朝微型化方向不断发展。

### 3. 片内存储器的改进与发展

目前新型的单片机一般在片内集成两种类型的存储器：一种是随机读写存储器，常用的为 SRAM（Static Random Access Memory，静态 RAM），作为临时数据存储器存放工作数据用；另一种是 ROM（Read Only Memory，只读存储器），作为程序存储器存放系统控制程序和固定不变的数据。片内存储器的改进与发展的方向是扩大容量、数据的易写和保密等。

### 4. 以串行总线方式为主的外围扩展

在很长一段时间里，通过三总线结构扩展外围器件的通用型单片机成为单片机应用的主流结构。随着低价位 OTP（One Time Programable）及各种特殊类型片内程序存储器的发展，加之外围接口不断进入片内，推动了单片机"单片"应用结构的发展。特别是 I²C、SPI 等串行总线的引入，可以使单片机的引脚设计得更少，单片机系统结构更加简化及规范化。

### 5. 单片机向片上系统 SOC 的发展

SOC（System On Chip）是一种高度集成化、固件化的芯片级集成技术，其核心思想是把除了无法集成的某些外部电路和机械部分之外的所有电子系统电路全部集成在一片芯片中。现在一些新型的单片机已经是 SOC 的雏形，在一片芯片中集成了各种类型和更大容量的存储器，以及更多性能完善和强大的功能电路接口，这使得原来需要几片甚至十几片芯片组成的系统，现在只用一片就可以实现，其优点是不仅减小了系统的体积和成本，而且大大提高了系统硬件的可靠性和稳定性。

## 1.2 单片机预备知识

### 1.2.1 数制及其转换

#### 1. 二进制数的运算

电子计算机一般采用二进制数进行运算与存储。二进制数只有 0 和 1 两个基本数字，容易通过开、关两个状态实现。

二进制数的运算公式如下：

| 0+0=0 | 0×0=0 | 0+1=1 | 0×1=0 |
|---|---|---|---|
| 1+0=1 | 1×0=0 | 1+1=10 | 1×1=1 |

二进制数加减运算举例如下：

例 1-1：100011+101110=1010001

$$\begin{array}{r} 100011 \\ +101110 \\ \hline 1010001 \end{array}$$

例 1-2：111111+100010=1100001

$$\begin{array}{r} 111111 \\ +100010 \\ \hline 1100001 \end{array}$$

2. 十进制和二进制间的转换

1）十进制数转换成二进制数

将十进制整数转换成二进制整数时，只要将它一次一次地被 2 除，得到的余数（从最后一个余数读起）就是二进制表示的数。

例 1-3：将十进制 18 转换成二进制数。

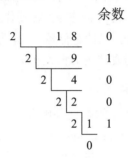

得到：$(18)_{10}=(10010)_2$

2）二进制数转换成十进制数

将一个二进制数的整数转换成十进制数，只要将它的最后一位乘以 $2^{n-1}$，倒数第二位乘以 $2^{n-2}$，以此类推（$n$ 为二进制位数），然后将各项相加就得到用十进制表示的数。

例 1-4：（101011）$_2$ =$1\times2^5+0\times2^4+1\times2^3+0\times2^2+1\times2^1+1\times2^0$=$(44)_{10}$；

如果要将一个带有小数的二进制数转换成十进制数，那么将小数点后的第一位乘以 $2^{-1}$，第二位乘以 $2^{-2}$，以此类推，小数点前的转换方法与整数转换方法相同，然后将各项相加就得到用十进制表示的数。

例 1-5：$(100001.101)_2=1\times2^5+0\times2^4+0\times2^3+0\times2^2+0\times2^1+1\times2^0+1\times2^{-1}+0\times2^{-2}+1\times2^{-3}=(33.625)_{10}$

3. 不同进制数的转换

1）二进制数和八进制数互换

二进制数转换成八进制数时，只要从小数点位置开始，向左或向右每三位二进制划分为一组（不足三位时高位补 0），然后写出每一组二进制数所对应的八进制数码即可。

例 1-6：将二进制数$(10110001.111)_2$转换成八进制数。

二进制数$(10110001.111)_2$转换成八进制数是$(261.7)_8$。反过来，将每位八进制数分别用三位二进制数表示，就可完成八进制数向二进制数的转换。

2）二进制数和十六进制数互换

二进制数转换成十六进制数时，只要从小数点位置开始，向左或向右每四位二进制划分为一组（不足四位时高位补 0），然后写出每一组二进制数所对应的十六进制数码即可。

例 1-7：将二进制数$(11011100110.1101)_2$转换成十六进制数。

二进制数$(11011100110.1101)_2$转换成十六进制数是$(6E6.D)_{16}$。反过来，将每位十六进制数分别用四位二进制数表示，就可完成十六进制数向二进制数的转换。

3）八进制数、十六进制数和十进制数的转换

这三者转换时，可把二进制数作为媒介，先把待转换的数转换成二进制数，再将二进制数转换成要求转换的数制形式。

## 1.2.2　BCD 码和 ASCII 码

### 1. BCD 码（Binary Coded Decimal）

计算机内部以二进制的表示为基础，但在日常生活和工作中，我们习惯的却是十进制数，怎样来解决这一矛盾呢？有两种方法可供选择。

一种方法是采用"十转二"和"二转十"的程序。用户输入十进制数后，用"十转二"把其转换为二进制数，再在计算机内运算，输出时用"二转十"的程序把二进制数转换为十进制数，以方便人们的使用。

另一种方法是直接采用"二-十"进制。BCD 码就是"二-十"进制，即用二进制代码表示的十进制数。顾名思义，它既是逢十进一，又是一组二进制代码。用 4 位二进制代码表示十进制的一位数，一个字节可以表示两个十进制数，称为压缩的 BCD 码，如 10000111 表示十进制的 87；也可以用一个字节表示一位十进制的数，这种 BCD 称为非压缩的 BCD 码，如 00000111 表示十进制的 7。多进制与 BCD 码的对应关系如表 1-1 所示。

采用 BCD 码对于输出数据非常方便，被计算机系统广泛采用，以至于 MCS-51 系列单片机有一条指令 DA 就是用来调整十进制加法运算的。

表 1-1　多进制与 BCD 码对应关系

| 十进制数 | 八进制数 | 十六进制数 | 二进制数 | 4 位自然二进制码 | BCD 码 | 4 位典型格雷码 | 十进制余三格雷码 |
|---|---|---|---|---|---|---|---|
| 0 | 0 | 0 | 0000 | 0000 | 0000 | 0000 | 0010 |
| 1 | 1 | 1 | 0001 | 0001 | 0001 | 0001 | 0110 |
| 2 | 2 | 2 | 0010 | 0010 | 0010 | 0011 | 0111 |
| 3 | 3 | 3 | 0011 | 0011 | 0011 | 0010 | 0101 |
| 4 | 4 | 4 | 0100 | 0100 | 0100 | 0110 | 0100 |
| 5 | 5 | 5 | 0101 | 0101 | 0101 | 0111 | 1100 |
| 6 | 6 | 6 | 0110 | 0110 | 0110 | 0101 | 1101 |
| 7 | 7 | 7 | 0111 | 0111 | 0111 | 0100 | 1111 |
| 8 | 10 | 8 | 1000 | 1000 | 1000 | 1100 | 1110 |
| 9 | 11 | 9 | 1001 | 1001 | 1001 | 1101 | 1010 |
| 10 | 12 | A | 1010 | 1010 | — | 1111 | — |
| 11 | 13 | B | 1011 | 1011 | — | 1110 | — |
| 12 | 14 | C | 1100 | 1100 | — | 1010 | — |
| 13 | 15 | D | 1101 | 1101 | — | 1011 | — |

| 十进制数 | 八进制数 | 十六进制数 | 二进制数 | 4 位自然二进制码 | BCD 码 | 4 位典型格雷码 | 十进制余三格雷码 |
|---|---|---|---|---|---|---|---|
| 14 | 16 | E | 1110 | 1110 | — | 1001 | — |
| 15 | 17 | F | 1111 | 1111 | — | 1000 | — |

**2. ASCII 码（American Standard Code for Information Interchange，美国信息交换标准代码）**

由于计算机中使用的是二进制数，所以计算机中使用的字母、字符也要用特定的二进制表示，目前普遍采用的是 ASCII 码。它采用 7 位二进制编码表示 128 个字符，其中包括数码 0 ~ 9 以及英文字母等可打印的字符，如表 1-2 所示。由表可见，在计算机中一个字节可以表示一个英文字母。

从表 1-2 中可以查到"6"的 ASCII 码为"36H"，"R"的 ASCII 码为"52H"。

表 1-2　ASCII 码表

| L | H | | | | | | | |
|---|---|---|---|---|---|---|---|---|
| | 0000 | 0001 | 0010 | 0011 | 0100 | 0101 | 0110 | 0111 |
| 0000 | NUL | DLE | SP | 0 | @ | P | ` | p |
| 0001 | SOH | DC1 | ! | 1 | A | Q | a | q |
| 0010 | STX | DC2 | " | 2 | B | R | b | r |
| 0011 | ETX | DC3 | # | 3 | C | S | c | s |
| 0100 | EOT | DC4 | $ | 4 | D | T | d | t |
| 0101 | ENQ | NAK | % | 5 | E | U | e | u |
| 0110 | ACK | SYN | & | 6 | F | V | f | v |
| 0111 | BEL | ETB | , | 7 | G | W | g | w |
| 1000 | BS | CAN | ) | 8 | H | X | h | x |
| 1001 | HT | EM | ( | 9 | I | Y | i | y |
| 1010 | LF | SUB | * | : | J | Z | j | z |
| 1011 | VT | ESC | + | ; | K | [ | k | { |
| 1100 | FF | FS | , | < | L | \ | l | \| |
| 1101 | CR | GS | - | = | M | ] | m | } |
| 1110 | SO | RS | . | > | N | ^ | n | ~ |
| 1111 | SI | US | / | ? | O | _ | o | DEL |

### 1.2.3　电平

1）常用电平简介

常用的逻辑电平有 TTL、CMOS、LVTTL、ECL、PECL、GTL、RS232、RS422、LVDS 等。其中 TTL 和 CMOS 的逻辑电平按典型电压可分为四类：5 V 系列（5 V TTL 和 5 V CMOS），

3.3 V 系列，2.5 V 系列和 1.8 V 系列。

5 V TTL（Transister-Transister-Logic，晶体管-晶体管逻辑）和 5 V CMOS（Complementary Metal Oxide Semiconductor，互补金属氧化物半导体逻辑电平）是通用的逻辑电平。3.3 V 及以下的逻辑电平被称为低电压逻辑电平，常用的为 LVTTL 电平。

2）TTL 电平与 CMOS 电平的区别

TTL 电平是 5 V，CMOS 电平一般是 12 V。5 V 的电平不能触发 CMOS 电路，12 V 的电平会损坏 TTL 电路，因此两者不能互相兼容匹配。

（1）TTL 电平。输出 L：<0.4 V，>2.4 V；输入 L：<0.8 V，>2.0 V。即器件输出低电平要小于 0.4 V，高电平要大于 2.4 V；输入低于 0.8 V 就认为是 0，高于 2.0 V 就认为是 1。

（2）CMOS 电平。输出 L：<0.1，>0.9Vcc。输入 L：<0.3Vcc，>0.7Vcc。即器件输出低电平要小于 0.1Vcc，高电平要高于 0.9Vcc；输入低于 0.3Vcc 就认为是 0，高于 0.7Vcc 就认为是 1。

3）TTL 和 CMOS 转换常用的方法

常用的转换方法有晶体管或 OC/OD 器件结合上拉电阻进行电平转换，将一个双极型三极管（MOSFET）或 OC/OD 器件 C/D 极接一个上拉电阻到正电源，输入电平很灵活，输出电平大致就是正电源电平。

74xHCT 系列芯片升压（3.3 V→5 V）：凡是输入与 5 V TTL 电平兼容的 5 V CMOS 器件都可以用作 3.3 V→5 V 电平转换。这是由于 3.3 V CMOS 的电平刚好和 5 V TTL 电平兼容（巧合），而 CMOS 的输出电平总是接近电源电平的。超限输入降压法（5 V→3.3 V，3.3 V→1.8 V…）：凡是允许输入电平超过电源的逻辑器件，都可以用作降低电平。这里的"超限"是指超过电源，许多较古老的器件都不允许输入电压超过电源，但越来越多的新器件取消了这个限制（改变了输入级保护电路）。例如，74AHC/VHC 系列芯片，其 datasheets（使用说明）明确注明"输入电压范围为 0 ~ 5.5 V"，如果采用 3.3 V 供电，就可以实现 5 V→3.3 V 电平转换。

## 1.3 如何学习单片机

单片机是一门实用技术，学习它的目的是增强实践能力，根据教学团队近二十年教学经验，我们总结了单片机的学习方法，即：一个目标，四个过程。

学习单片机的目标就是：通过单片机实验实训的锻炼，增强自身实力，获寻就业方向。学习单片机的四个过程是：鹦鹉学舌、照葫芦画瓢、借力打力和理实结合。

第一步：鹦鹉学舌。

大家刚开始接触单片机的时候，属于单片机行业的初学者。单片机的外观，单片机外围的各种器件，单片机内部的各种结构，单片机使用 C 语言的编程方法，大家可能都没有见过，全无概念。有些概念和方法不理解也没有关系，只需要跟着老师的节奏去学习，第一遍学习某一节课的内容时，对于程序，大家就可以完全跟着抄下来，抄两遍，三遍，甚至多遍。过一段时间你会发现，许多术语符号就认识了，许多概念也慢慢地理解清楚了，你也能大概看懂别人的小程序了。切忌觉得自己看会了，就只复制粘贴。

第二步：照葫芦画瓢。

很多同学学习的时候喜欢参考网络中的视频，看网络贴吧的程序，甚至借鉴周围人的程序，并且都能看懂，便觉得自己就会了，等到编写程序的时候，就不知道从何下手了，这是初学者很容易犯的毛病，所以第二步的内容就非常重要了。

课程团队的要求是：每一位同学，学完了当前课的内容并把第一步顺利完成以后，关掉视频教程，通过看电路图和查找非源代码的其他任何资料，把当节课学习的程序代码重新默写出来，边写边理解。甚至在学过几节课以后，可以把前面曾经这样实现过的课程，再按照这种方法做一遍。千万不要认为这一步没必要，这是你能否真正学会单片机的一个关键。在学完本教程之前，对每一课内容都要这样练习，如果每一个程序都能够熟练完成，那么可以说这节课的内容你已经基本掌握了。

第三步：借力打力。

单片机技术的最大特点就是可以通过修改程序来实现不同的功能，因此举一反三的能力就必不可少了。在每一节课后，课程团队一般都会布置几个作业，大家应尽量独立完成。在完成作业的过程中，同学们可以参考课程团队的程序思路，在这个基础上通过思考去构建你自己的程序框架，最终将程序完成。

在工程师实际产品研发的时候，很多种情况下也是如此。比如开发一个产品，我们如果从头开发的话，可能会走很多弯路，遭遇很多前人曾遭遇过的挫折，所以通常的做法是寻找购买几款同类产品，然后先研究它们各自的优缺点，学习它们的长处，然后在同类产品基础上再来设计自己的产品，这就是"他山之石，可以攻玉"。

初学者在学习的时候，往往遇到的问题很多，但应该知道，你遇到的问题，可能前辈们早就遇到过了，所以遇到问题后，不要慌张，可以利用搜索引擎在网上搜一下，在网上找相关资料了解一下，不管是编程还是硬件设计，多参考别人的设计，只要把这些设计分析明白了，自己用起来了，也就成为自己的知识了。

第四步：理实结合。

当大家把所有的课程都按照前边三步完成后，这个时候不妨再把书打开，再看看书，经过了实践，再看书的时候，对很多知识点会有一种恍然大悟的感觉。甚至视频教程、书籍都可以反复多看几遍，有的知识点当时学习的时候不明白，过了一段时间，回过头来再学习的时候，便明白了。

## 1.4　单片机学习的准备工作

第一：足够的信心、恒心和耐心。

心态上藐视它。通过学习和实训，很多同学做出来小车、超声波测距仪，甚至做出来了机器人。单片机在逻辑上并不复杂，只要认真、踏实、坚持学下去，肯定能学好这门技术。

过程上重视它。很多网络教程吹嘘十天八天就能学会，这是不现实的，更是不可能的。如果一个技术很简单就被学会，那么很多人都会这个技术，学习该技术也没什么前途。那究竟多久能学会呢？如果每天有 2 个小时左右的学习时间，大概 1～3 个月就可以入门了。入门的概念是指给你一个单片机开发任务，你起码知道要努力的方向和解决问题的大概方法了。

第二：实用的教材和视频教程。

要学习单片机这门技术，良好的教材和教程必不可少。除了本书而外，推荐学习《新概念 51 单片机 C 语言教程入门、提高、开发、拓展全攻略（第 2 版）》教材和相关视频教程，如果 C 语言基础不好，最好能再有一本纯 C 语言的教材，推荐学习《零基础学 C 语言》。

第三：计算机一台、单片机开发板一块。

计算机是学习单片机必不可少的工具，因为编写程序、查阅资料都得用到它。

开发板也是必需的。学校实验室有开发板，可以借阅，也可以自行购置。开发板需要和教材或者教程相配套。本书提倡的是使用仿真软件 Proteus 对单片机及周边硬件进行模拟仿真，对开发板使用率不高，这也是本书的特点之一。但是这并不代表不动手就能学好单片机，拿起烙铁焊接电路，动手编写程序，才是单片机学习的正确方法。

## 习题

1. 什么是单片机？它与一般的计算机有何区别？
2. 简述单片机的发展历史，目前单片机主要朝哪几个方面发展？
3. 单片机的主要应用是哪几个方面？请举一些你知道的例子。
4. 单片机内部采用什么数制？为什么在计算机硬件编程中常用十六进制？
5. 什么是 ASCII 码？写出 0-9，a-z 和 A-Z 的 ASCII 码。
6. 什么是电平？
7. 你应该如何学习单片机？

第二章

学习单片机开

发的必要工具

作为单片机初学者，能够把相关硬件和软件使用好，可以使学习过程事半功倍，并顺利达到预定目标。下面我们从硬件和软件两方面分别介绍单片机开发的必要工具。

## 2.1 硬件方面必要开发工具

### 2.1.1 万用表

1. 万用表简介

万用表（也称多用表、复用表等）是单片机开发最基本也最不可或缺的测量工具。它的基本功能包括测量交直流电压、交直流电流、电阻阻值，检测二极管极性，测试电路通断等。有些复杂的还包含电容值测量、三极管测试、脉冲频率测量等。万用表大体可分为两类：指针万用表和数字万用表。目前，指针万用表基本上已经被淘汰了，数字万用表是当今的绝对主流。图 2-1 所示为两种数字万用表，功能完全一致。

图 2-1　两种数字万用表外观示意图

2. 万用表使用

下面就以图 2-1 所示数字万用表为例，来讲解万用表的使用方法。万用表配有两支表笔，通常都是一只黑色、一只红色。黑色表笔要插到标有"COM"的黑色插孔里，而红色表笔根据测量项目的不同，插到不同的插孔：测量小电流（≤200 mA）信号时，插到"mA"插孔；测量大电流（大于 200 mA）信号时，插到"20 A"插孔；其余测量项目均插到标有"VΩ"的插孔。

下面我们介绍几个常用挡位的使用方法。

1）交直流电压

交流和直流电压的测量方法是完全相同的，仅根据具体的被测信号选择不同的挡位量程即可。在测量前应对被测信号的幅值有一个大概的评估，然后根据这个大概值去选择挡位（绝不能选择低于被测信号最大值的挡位，以免损坏万用表）；单片机系统多数都在 5 V 以下，那么应选择直流电压 20 V 挡位。选择好挡位后就可以把表笔接入被测系统了，如果是交流电压自然就无所谓方向了，两支表笔的低位就是等同的，把它们分别接触到两个被测点上即可；

如果是直流信号，那么最好是红色表笔接电压高的一点，而黑色表笔接电压低的一点。有时候我们习惯上只说某一点的电压是多少，而不是说哪两点之间的电压是多少，其实此时这某一点都是针对参考地来说的，即该点和参考地之间的电压，那么通常来说黑表笔就是接触到参考地上了。

2）电阻

电阻阻值的测量很简单，先把挡位开关打到"Ω"挡，如果不知道大概的阻值范围，就选择最大量程，然后用两支表笔分别接触待测电阻的两端即可，根据屏幕显示的数值可进一步选择更加合适的量程。值得一提的是，多数万用表进行测量时都有一个反应时间，慢的话需要等上几秒才能显示出一个稳定的测量值。

3）交直流电流

电流的测量相对复杂一点，因为需要将万用表串联在回路中。首先我们把待测回路在某一个点上断开，把红表笔从"VΩ"插孔换到"mA"或"20 A"插孔中（同理，根据事先大概的评估来选择，如无把握就选择"20 A"孔，如实测数值很小则再换到"mA"孔），把挡位开关打到"mA"或"20 A"挡位上，然后用万用表的两支表笔分别接触断点的两端，也就是用表笔和万用表本身将断开的回路再连起来，这样万用表就串在原来的回路中了，最后就可以在屏幕上读到电流的测量值了。需要特别注意的一点是：当每次测量完电流后，都必须把插在电流插孔上的红表笔插回到"VΩ"插孔，以免其他人随后拿去测其他信号时造成意外短路，损坏被测设备或万用表。

4）极管和通断

有的万用表上二极管和通断是同一个挡，有的是分开的两个挡，这从一个侧面说明它们在原理上是相同的。万用表在两支表笔之间输出一个很小的电流信号，通常为 1 mA 或更小，然后再测量两支表笔之间的电压：如果这个电压值很小，小到几乎为 0，那就可以认为此时两支表笔之间是短路的，即被测物是连通的导线或等效阻值很小而近似通路；反之如果这个电压值很大以致超量程了（通常屏幕会在高位显示一个 1，后面是空白或者是 OL 之类的提示），那么就可以认为两支表笔之间的被测物是断开的或者说是绝缘的，这就是测量通断功能。通常万用表检测到短路（即"通"）时还会发出提示声音。对于二极管，同样是这个原理，如果测到的电压值大约等于一个 PN 结的正向导通电压（硅管 0.5 ~ 0.7 V，锗管 0.2 ~ 0.3 V），那么说明此时与红表笔接触的就是二极管的阳极，黑表笔接触的是阴极；反之如果显示超量程，那么说明二极管接反了，需要反过来再测；如果正反电压都很小，或者都很大，那么说明二极管可能坏了。

### 2.1.2 示波器

1. 示波器简介

波器就是显示波形的仪器，它还被誉为"电子工程师的眼睛"。示波器的核心功能就是把被测信号的实际波形显示在屏幕上，它的发展同样经历了模拟和数字两个时代。目前，数字示波器应用场景大于模拟示波器，图 2-2 所示为数字示波器。

数字示波器又叫作数字存储示波器（Digital Storage Oscilloscope，DSO）。很多人在第一次见到示波器的时候，可能会被其面板上众多的按钮唬住，因为看起来很复杂，但实际上要使用它的核心功能——显示波形，只要三四个步骤就能搞定，而现在示波器有许多按钮都附加了很多辅助功能，能熟练灵活地应用它们可以起到事半功倍的效果。作为初学者，可以先不管这些，只把它最核心、最基本的功能应用起来即可。

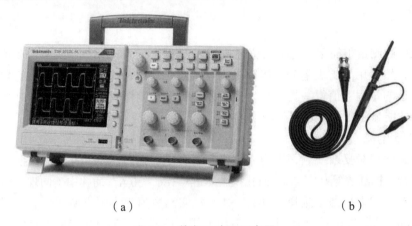

（a）                    （b）

图 2-2　数字示波器示意图

2. 示波器使用

要使用示波器，首先得把它和被测系统相连接，这里用的是示波器探头，如图 2-2（b）所示。示波器一般都会有 2 个或 4 个通道（通常都会标有 1~4 的数字，而多余的那个探头插座是外部触发，一般用不到），它们的低位是等同的，可以随便选择，把探头插到其中一个通道上，用探头另一头的小夹子连接被测系统的参考地（这里一定要注意示波器探头上的夹子是与大地即三插插头上的地线直接连通的，如果被测系统的参考地与大地之间存在电压差的话，将会导致示波器或被测系统的损坏），用探针接触被测点，这样示波器就可以采集到该点的电压波形了（普通的探头不能用来测量电流，要测电流得选择专门的电流探头）。

接下来就要通过调整示波器面板上的按钮，使被测波形以合适的大小显示在屏幕上了。这里只需要按照一个信号的两大要素（幅值和周期）来调整示波器的参数即可，示波器不同通道按钮示意如图 2-3 所示。

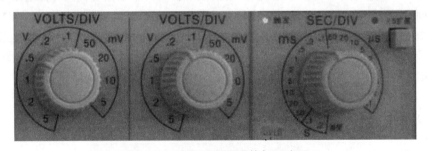

图 2-3　示波器不同通道按钮示意图

如图 2-3 所示，每个通道插座上方的旋钮，就是用来调整该通道幅值的，即进行波形垂直方向大小的调整。转动它们，就可以改变示波器屏幕上每个竖格所代表的电压值，所以可称其为"伏格"调整，如图 2-4 两幅图对比所示：图（a）是 1 V/格，图（b）是 500 mV/格，图（a）波形的幅值占了 2.5 个格，所以是 2.5 V，图（b）波形的幅值占了 5 个格，也是 2.5 V。将波形从图（a）调整到图（b），可以提高波形测量的精度。

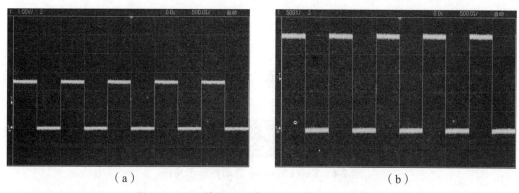

图 2-4　同一信号不同幅值显示效果对比示意图

　　除了伏格旋钮外，通常还会在面板上找到一个与伏格旋钮大小相同的旋钮，该旋钮是用来调整周期的，即进行波形水平方向大小的调整。转动它，就可以改变示波器屏幕上每个横格所代表的时间值，所以可称其为"秒格"调整，如图 2-5 两幅对比图所示：图（a）是 500 μs/grid，图（b）是 200 μs/grid，图（a）是一个周期占 2 个格，周期是 1 ms，即频率为 1 kHz，图（b）是一个周期占 5 个格，也是 1 ms，即 1 kHz。这里就没有哪个更合理的问题了，它们都是合理的。

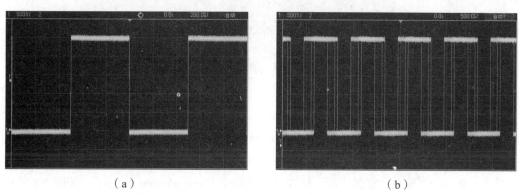

图 2-5　同一信号不同周期显示效果对比示意图

## 2.2　软件方面必要开发工具

### 2.2.1　Keil μVision4

#### 1. Keil μVision4 简介

　　Keil μVision4 是一个优秀的软件集成开发环境，它支持众多公司的 MCS-51 架构的芯片。μVision4 IDE 基于 Windows 的开发平台，包含一个高效的编辑器、一个项目管理器和一个 MAKE 工具。利用该工具可以用来编译 C 源代码，汇编源程序，连接和重定位目标文件和库文件，创建 HEX 文件调试目标程序。

#### 2. Keil μVision4 使用方法

##### 1）启动 Keil μVision4

　　双击桌面上的 Keil μVision4 快捷图标，或者单击屏幕左下方的"开始"→"程序"→"Keil μVision4"，进入 Keil μVision4 集成环境，Keil μVision4 启动界面如图 2-6 所示。

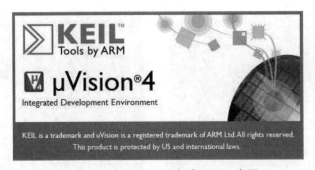

图 2-6　Keil μVision4 启动界面示意图

Keil μVision4 界面提供了菜单、工具条（可以快速选择命令按钮）、源代码的显示窗口、对话框和信息显示窗口，如图 2-7 所示。

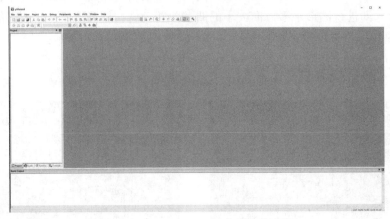

图 2-7　Keil μVision4 工作界面示意图

2）建立项目

单击"Project"菜单，在弹出的下拉式菜单中选择"New μVision Project"，如图 2-8 所示。

接着弹出一个标准 Windows 文件对话窗口，选择自定义工程路径，如图 2-9 所示，在"文件名"中输入您的第一个程序项目名称，这里我们用"Pr_LED"。应注意，路径和文件名可以根据自己想法自定义，只要符合 Windows 文件规则的命名都行。"保存"后的文件扩展名为.uvprog，这是 Keil μVision4 项目文件扩展名，以后可以直接单击此文件打开先前所有的项目。

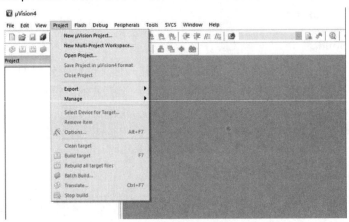

图 2-8　Keil μVision4 新建工程界面示意图

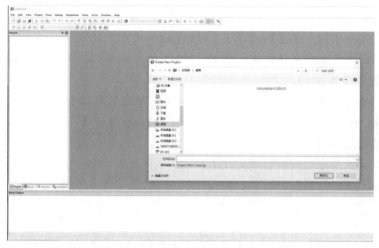

图 2-9　Keil μVision4 自定义项目路径示意图

选择所要的单片机，这里我们选择常用的 Atmel 公司的 AT89C51，如图 2-10 所示。

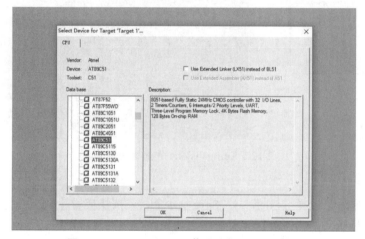

图 2-10　Keil μVision4 芯片选择界面示意图

点击"OK"，再选择"是"，完成上面步骤后，项目文件就建立成功了，界面如图 2-11 所示。下面就可以开始创建程序文件了。

图 2-11　Keil μVision4 项目建成示意图

3）创建或修改程序

接下来我们要在项目中创建新的程序文件或加入一个已存在的程序文件。

（1）创建新的程序文件具体操作：单击"File"→"New"命令，或者单击工具栏的新建文件图标，如图 2-12 所示。

（2）加入一个已存在的程序文件具体操作：单击"File"→"Open"命令，打开一个旧文件或按快捷键【Ctrl】+【0】或按工具栏中的工具按钮，就会打开一个已存在的程序文件文字编辑窗口并等待我们编辑程序。

到此就可以开始编写对应的程序文件了。

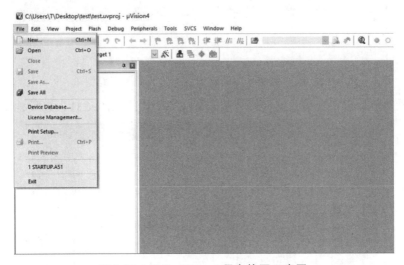

图 2-12　Keil μVision4 程序编写示意图

4）保存程序

程序编写完成后，选择"File"→"Save"命令，或按快捷键【Ctrl】+【S】或按保存图标进行保存。若是新文件，一般在编写程序之前先保存一次并对程序进行命名，用 C 语言编写后缀应为.c，将文件保存在项目所在的目录中，这时编写程序单词才会有不同的颜色标识，说明 Keil 的语法检查生效了，此时屏幕如图 2-13 所示。完成上面步骤后，即可进行程序文件的加载了。

图 2-13　Keil μVision4 程序编译示意图

5）加载程序

如图 2-14 所示，在屏幕左边的"Source Group1"文件夹图标上右击鼠标，弹出快捷菜单，选择其中某一命令，可执行相关操作，这里选中"Add Existing Files to Group 'Source Group1'"，选择刚刚保存的文件，按"Add"按钮，关闭对话框，此时程序文件已加载到项目中了。

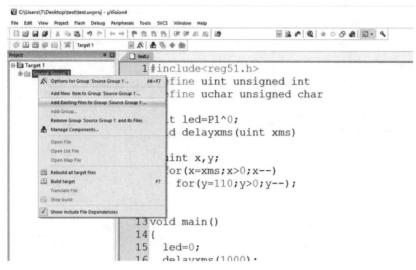

图 2-14 Keil μVision4 将程序加载到项目中

如果此时在 Source Group1 文件夹图标左边出现了一个小"+"号，表示文件组中有了文件，点击它可以展开并查看到源程序文件已被我们加入到了项目中。

6）项目工程设置

工程建立好以后，还要对工程进行进一步的设置，以满足要求。首先单击左边 Project 窗口的 Target1，然后执行菜单命令"Project"→"Option for Target 'Target1'"或按下快捷键【Alt】+【F7】，即出现对工程进行设置的对话框，如图 2-15 所示。

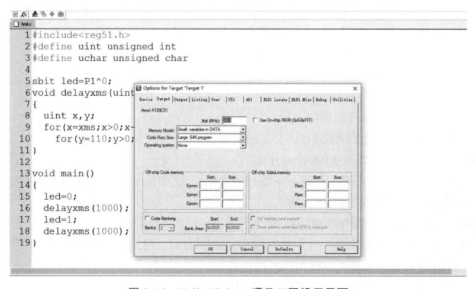

图 2-15 Keil μVision4 项目工程设置界面

这个对话框较复杂，共有 10 个页面，绝大部分设置项取默认值就可以了，需要设置的部分如下：

（1）"Target"标签。

在对话框中单击"Target"标签，如图 2-16 所示。各参数介绍如下：

Xtal（MHz）——晶振频率值。

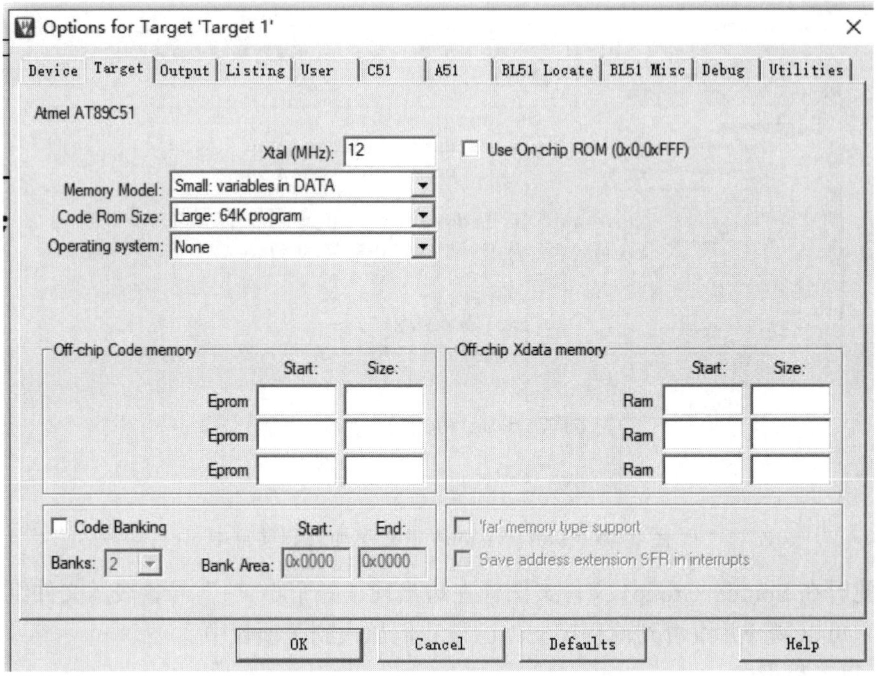

图 2-16  设置被选 CPU 的晶振频率

默认值是所选目标 CPU 的最高可用频率值，AT89S51 最高可用频率为 33 MHz，所以可以在 0 ~ 33 之间取合适值。该数值与最终产生的目标代码无关，仅用于软件模拟调试时显示程序执行时间。正确设置该数值可使显示时间与实际所用时间一致，一般将其设置成与你的硬件所用晶振频率相同，如果没必要了解程序执行的时间，也可以不设。

Memory Model——选择编译模式（存储器模式）。

Small：所有变量都在单片机内部 RAM 中。

Compact：可以使用一页外部扩展 RAM。

Large：可以使用全部外部扩展 RAM。

Code Rom Size——用于设置 ROM 空间的使用。

Small 模式：只适用低于 2 KB 的程序空间。

Compact 模式：单个函数的代码量不能超过 2 KB，整个程序可以使用 64 KB 程序空间。

Large 模式：可用全部 64 KB 空间。

Operating System——操作系统选择项。

Keil 提供了两种操作系统：RTX-51Tiny 和 RTX-51Ful，通常我们不使用任何操作系统，即使用该项的默认值：None（不使用任何操作系统）。

Off-chip Code memory——用以确定系统扩展 ROM 的地址范围。

Off chip Xdata memory——用于确定系统扩展 RAM 的地址范围，这些选择项必须根据所用硬件来决定，如果是最小应用系统，不进行任何扩展，均不需重新选择，按默认值设置即可。

（2）"Output"标签。

在对话框中选择"Output"标签，如图 2-17 所示。各参数介绍如下：

Select Folder for Objects——选择最终的目标文件所在的文件夹，默认是与工程文件在同一个文件夹中，一般不需要更改。

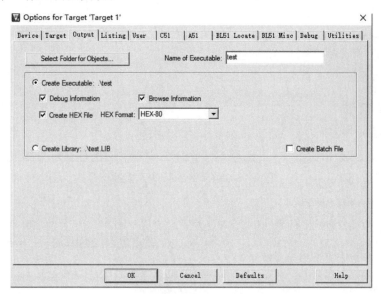

图 2-17　HEX 文件存放目标文件夹选择界面

Name of Executable——用于指定最终生成的目标文件的名字，默认与工程的名字相同，一般不需要更改。

Debug Information——将会产生调试信息。这些信息用于调试，如果需要对程序进行调试，应当选中该项。

Browse Information——产生浏览信息。该信息可以通过执行菜单命令"View"→"Browse"来查看，这里取默认值。

Create HEX File——用于生成可执行代码文件，是可以用编程器写入单片机芯片的 HEX 格式文件，文件的扩展名为.HEX。其他选默认值即可。

7）编译和链接

配置目标选项窗口完成后，我们再来看看编译菜单，各编译按钮功能如下：

Build target：编译当前项目，如果先前编译过一次且文件没有做编辑改动，这时再点击是不会再次重新编译的。

Rebuild all target files：重新编译，每单击一次均会再次编译链接一次，不管程序是否有改动。

编译与链接结果如图 2-18 所示。

8）软件模拟的设置与调试

执行"Project"→"Options for Target 'Target1'"或【Alt】+【F7】，弹出相应的对话框，单击"Debug"标签，选中"Use Simulator"，按图 2-19 选择软件进行模拟调试。

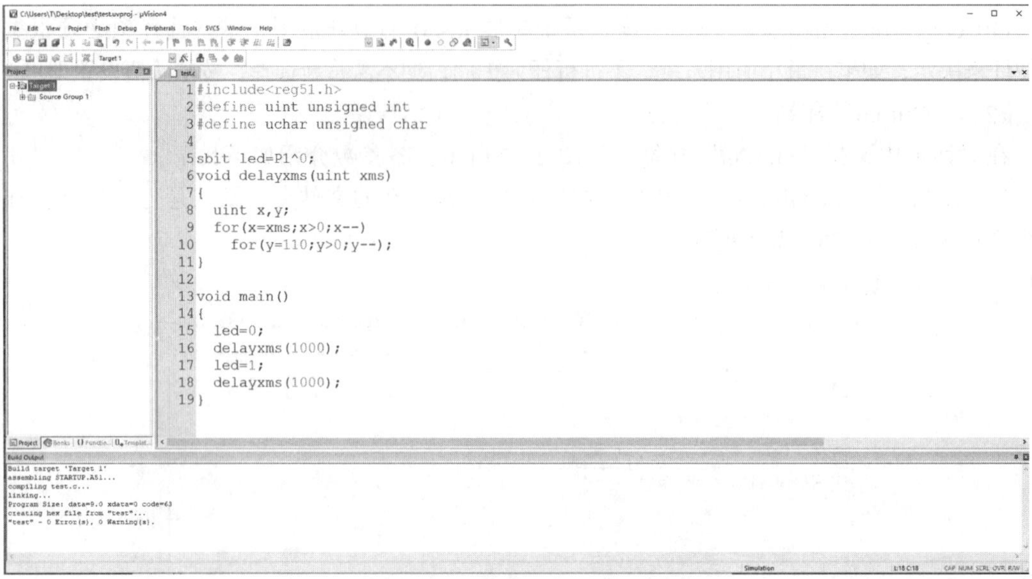

图 2-18　编译链接菜单示意图

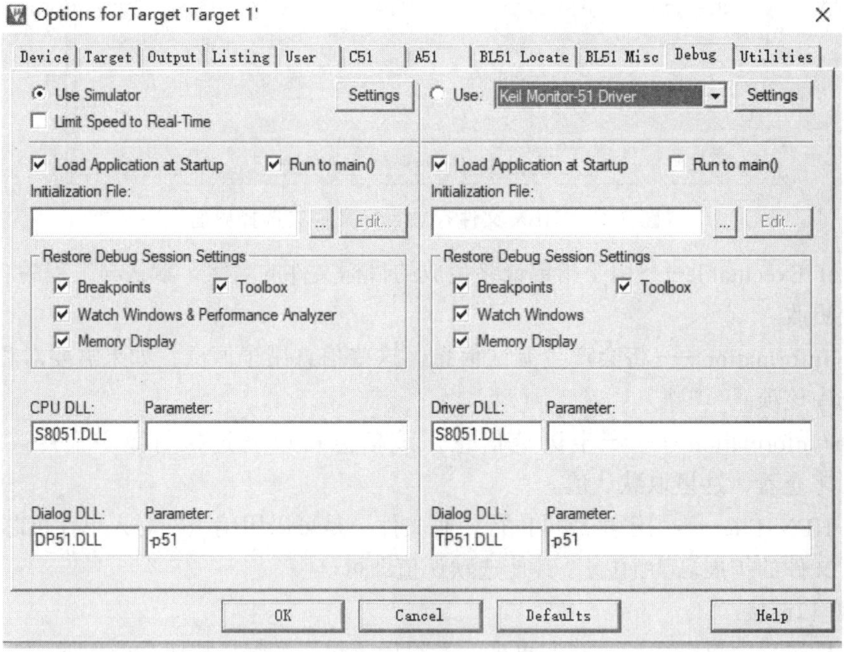

图 2-19　Keil μVision4 项目仿真设置界面

执行"Project"→"Build target"，编译、连接项目。无语法错误方能进行调试。

单击开启/关闭调试模式的按钮，或执行菜单"Debug"→"Start/Stop Debug Session"，或按快捷键【Ctrl】+【F5】，进入软件模拟调试，按"Peripherals"菜单的各项即可进行调试。如 I/OPorts，可选 Port 0、Port 1、Port 2、Port3，显示 P0、P1、P2、P3 口的变化，如图 2-20所示。

选择"View"菜单中的选项"Periodic Window Update"，可动态观察显示 P0、P1、P2、P3 口的变化结果，再次按快捷键【Ctrl】+【F5】则退出软件模拟调试模式。

图 2-20　Keil μVision4 仿真调试 "I/O Ports" 界面

### 2.2.2　Proteus

#### 1. Proteus 简介

Proteus 具有和其他 EDA 工具一样的原理图编辑、印刷电路板（PCB）设计及电路仿真功能，最大的特色是其电路仿真的交互化和可视化。通过 Proteus 软件的 VSM（虚拟仿真模式），用户可以对模拟电路、数字电路、模数混合电路、单片机及外围元器件等电子线路进行系统仿真，Proteus 软件由 ISIS 和 ARES 两部分构成，其中 ISIS 是一款便捷的电子系统原理设计和仿真平台软件，ARES 是一款高级的 PCB 布线编辑软件。

1）Proteus 软件的性能特点

（1）智能原理图设计。

（2）丰富的器件库：超过 8000 种元器件，可方便地创建新元件。

（3）智能的器件搜索：通过模糊搜索可以快速定位所需要的器件。

（4）智能化的连线功能：自动连线功能使连接导线简单快捷，大大缩短绘图时间；

（5）支持总线结构：使用总线器件和总线布线使电路设计简明清晰。

（6）可输出高质量图纸：通过个性化设置，可以生成印刷质量的 BMP 图纸，可以方便地供 Word、PowerPoint 等多种文档使用。

2）完善的仿真功能

（1）混合仿真：基于工业标准 SPICE3F5，实现数字/模拟电路的混合仿真。

（2）超过 6000 个仿真器件：用户可以通过内部原型或使用厂家的 SPICE 文件自行设计仿真器件（还在不断地发布新的仿真器件），还可导入第三方发布的仿真器件。

（3）丰富的虚拟仪器：13 种虚拟仪器，面板操作逼真，如示波器、逻辑分析仪、信号发生器、直流电压/电流表、交流电压/电流表、数字图形发生器、频率计/计数器、逻辑探头、虚拟终端、SPI 调试器、IIC 调试器等。

（4）生动的仿真显示：用色点显示引脚的数字电平，导线以不同颜色表示其对地电压大小，结合动态器件（如电机、显示器件、按钮）的使用可以使仿真更加直观、生动。

（5）高级图形仿真功能：基于图标的分析可以精确分析电路的多项指标，包括工作点、瞬态特性、频率特性、传输特性、噪声、失真、傅里叶频谱分析等，还可以进行一致性分析。

（6）独特的单片机协同仿真功能：支持主流的 CPU 类型，如 ARM7、8051/51、AVR、PIC10/12、PIC16/18、HC11、BasicStamp 等，CPU 类型随着版本升级还在继续增加。

（7）支持通用外设模型，如字符 LCD 模块、图形 LCD 模块、LED 点阵、LED 七段显示模块、键盘/按键、直流/步进/伺服电机、RS232 虚拟终端、电子温度计等，其 COMPIM（COM 口物理接口模型）还可以使仿真电路通过 PC 机串口和外部电路实现双向异步串行通信。

（8）实时仿真支持 UART/USART/EUSART 仿真、中断仿真、SPIVI2C 仿真、MSSP 仿真、PSP 仿真、RTC 仿真、ADC 仿真、CCP/ECCP 仿真。

（9）实用的 PCB 设计平台。

3）Proteus 软件的优点

（1）内容全面。实验的内容包括软件部分的汇编、C51 等语言的调试过程，也包括硬件接口电路中的大部分类型。对同一类功能的接口电路，可以采用不同的硬件来搭建完成，因此采用 Proteus 仿真软件进行实验教学，克服了用单片机实验板教学时存在的硬件电路固定、不能更改、实验内容固定等方面的局限性，可以扩展学习的思路和提高学习兴趣。

（2）硬件投入少，经济优势明显。对于传统的采用单片机实验板的教学实验，由于硬件电路的固定，也就将单片机的 CPU 和具体的接口电路固定了下来。Proteus 所提供的元件库中，大部分可以直接用于接口电路的搭建，同时该软件所提供的仪表，不管在质量还是数量上，都是可靠和经济的。

（3）可自行实验，锻炼解决实际工程问题的能力。对单片机控制技术或智能仪表的研究和学习，如果采用传统的实验箱学习，需要购置的设备比较多，增加了学习和研究的投入负担。采用仿真软件后，学习的投入成本变得比较低，而对实际工程问题的研究，也可以先在软件环境中模拟通过，再进行硬件的投入，这样处理，不仅省时省力，也可以节省因方案不正确所造成的硬件投入的浪费。

（4）实验过程中损耗小，基本没有元器件的损耗问题。在传统的实验学习过程中，都涉及因操作不当而造成的元器件和仪器仪表的损毁，也涉及仪器仪表等工作时所造成的能源消耗。采用 Proteus 仿真软件进行的实验教学，则不存在上述问题，其在实验的过程中是比较安全的。

（5）与工程实践最为接近，可以了解实际问题的解决过程。在进行大实验时，学生可以具体地在 Proteus 中做一个工程项目，并将其最后移植到一个具体的硬件电路中，以利于对工程实践过程的了解和学习。

（6）大量的范例，可供学习参考处理。在设计系统时，存在对已有资源的借鉴和引用处理，而该仿真系统提供了较多的比较完善的系统设计方法和设计范例，可供学习参考和借鉴。同时也可以在原设计上进行修改处理。

（7）协作能力的培养和锻炼。一个比较大的工程设计项目，是由一个开发小组协作完成的。了解和把握别人设计意图和思维模式，是团结协作的基础。在 Proteus 中进行仿真实验时，所涉及的内容并不全是独立设计完成的，因此对于培养团结协作意识很有好处。

## 2. Proteus ISIS 的使用方法

### 1）Proteus ISIS 设计界面介绍

Proteus ISIS 设计界面如图 2-21 所示。

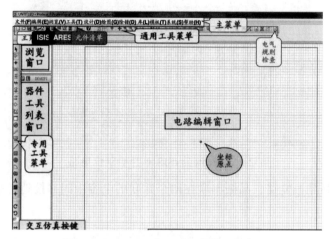

图 2-21　Proteus ISIS 设计界面示意图

三大窗口：编辑窗口、器件工具窗口和浏览窗口。

两大菜单：主菜单和辅助工具菜单。

主菜单：文件菜单、编辑菜单、浏览菜单、工具菜单、设计菜单、绘图菜单、调试菜单、库操作菜单、模板菜单、系统菜单和帮助菜单。

下面通过 Proteus ISIS 模拟仿真一个单片机最小系统。

打开软件，按照电路图开始设计，在 Proteus 中的【p】中选择所需要的零件：电阻 RES、电容 CAP、电解电容 CAP-ELEC、复位开关 BUTTON、晶振 CRYSTAL、单片机 AT89C51，元件选择界面如图 2-22 所示。

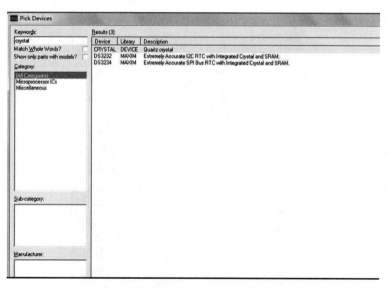

图 2-22　Proteus ISIS 单片机最小系统元件选择视图

接下来就开始把所需要的元件都放在绘图窗口中，按照图 2-23 所示内容绘制复位电路。

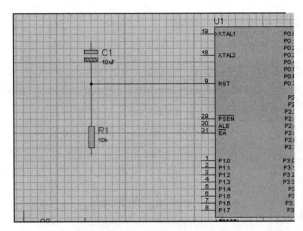

图 2-23　Proteus ISIS 单片机复位电路

完成后开始绘制晶振电路，晶振串联在两个并联的电容中间并接地。晶振电路如图 2-24 所示。

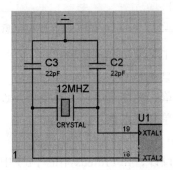

图 2-24　Proteus ISIS 绘制单片机晶振电路

Proteus 中单片机的电源为默认并已经接通，复位电路和晶振电路绘制完成后，单片机最小系统如图 2-25 所示。

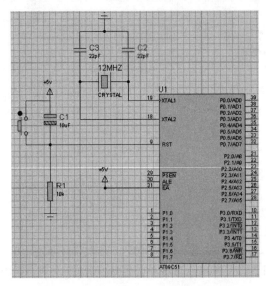

图 2-25　Proteus ISIS 单片机最小电路图

# 习题

1. 简述示波器的使用方法和步骤？
2. 简述万用表的使用方法和步骤？
3. 单片机最小系统包含哪些组成部分？
4. 试着讲述如何使用 Keil 软件建立一个项目且编写和运行程序。
5. 试着讲述如何使用 Proteus 软件建立一个项目且与 Keil C 结合运行程序。

第三章

# 51 单片机

# C 语言基础知识

## 3.1 C 语言变量与常量

### 3.1.1 常量

常量是指固定值，其数值在程序运行过程中不改变，分为数值型常量（包括整型常量和实型常量）、字符型常量、符号常量三类。

**1. 数值型常量**

**1）整型常量**

整型常量是指直接使用的整型常数，如 0、128、-128 等，有十进制、八进制、十六进制三种类型的整数。每种类型的整型常量可以有短整型（short int）、整型（int）、长整型（long int）三种数据类型。短整型占 1 个字节，整型占 2 个字节，长整型占 4 个字节。

**2）实型常量**

实型常量是浮点型的常量，由整数和小数部分构成，有两种表示方式。一种是用十进制的小数表示，如 12.34，0.123，-1.234；另一种是用指数（或科学记数法）表示，如 1.23e2，4.567e-3，可用来表示很大或很小的数。浮点型常量默认状态下为 double 型双精度类型，也可在常量后面加上 F 或 f，表示该常量为单精度类型。

**2. 字符型常量**

字符型常量有两种，一种是字符常量，另一种是字符串常量。

字符常量是用一对英文方式的单引号括起来的一个字符，如 'a'、'B'、'3' 等，字符常量区分大小写，即'a'和'A'是不同的字符常量。

字符串常量是用一对英文方式的双引号括起来的字符序列，如 "abc"、"ABC"、"12345"、"您好！"等。双引号里面可以一个字符都没有，如" "即为一个空字符串，其长度为 0。系统在存储字符串常量时，会自动在字符串的末尾自动加一个"\0"作为字符串的结束标志。

**3. 符号常量**

在 C 语言中，可以用一个标识符来表示一个常量，称为符号常量。其特点是编译后写在代码区，不可寻址，不可更改，属于指令的一部分。

符号常量在使用之前必须先定义，其一般形式为：

#define 标识符 常量

其中#define 是一条预处理命令，为宏定义命令，其功能是把该标识符定义为其后的常量值。一经定义后，在程序中所有出现该标识符的地方均代之以该常量值。习惯上符号常量的标识符用大写字母表示。

### 3.1.2 变量

变量是在程序运行过程中其值可以变化的量，可以存储任意数据类型的值。在程序中一般用含有一定意义的方式来表示变量名。变量名是由字母开始的字母、数字、下划线的组合，且区分大小写。C 语言中的变量类型有整型变量、实型变量和字符型变量。

## 1. 整型变量

整型变量是存储整型数值的变量，分为：基本整型（int），占 4 个字节；短整型（short int），占 2 个字节；长整型（long int），占 4 个字节。

## 2. 实型变量

实型变量是存储实型数值的变量，实型数值由整数和小数两部分组成。在 C 语言中又可分为单精度和双精度两种类型。

### 1）单精度实型变量

单精度类型的关键字是 float，占 4 个字节。在赋值时，在数值后加上 f，表示该类型是单精度类型，否则默认为双精度类型。

### 2）双精度实型变量

双精度类型的关键字是 double，占 8 个字节。

## 3. 字符型变量

字符型变量是用来存储字符常量的变量。将一个字符常量存储到一个字符变量中，实际上是将该字符的 ASCII 码值存储到内存单元中。字符型常量的关键字是 char，占 1 个字节。

## 3.2 运算符与表达式

### 3.2.1 运算符

运算符用于数据和变量的操作，包括算术运算符、关系运算符、逻辑运算符、赋值运算符、递增递减运算符、条件运算符、位运算符以及特殊运算符。

算术运算符有 +（加法）、−（减法）、×（乘法）、/（除法）、%（取模）。整数的除法运算结果向下取整，取模运算符不能用于浮点数的运算。这几个算术运算符的优先级别分为两级，×、/、%为高级，+、− 为低级。

关系运算符用于比较两个数，并根据它们之间的关系做出判断，有 <（小于）、< =（小于等于）、>（大于）、> =（大于等于）、==（等于）、!=（不等于）几种；当某个关系为"真"，则该关系表达式的值为 1；若关系为"假"，则该关系表达式的值为 0。

逻辑运算符有&&（逻辑与）、||（逻辑或）、!（逻辑非）三种，逻辑表达式的结果也是为 1 或 0。逻辑与是有 0 则 0，逻辑或是有 1 则 1，逻辑非是非 0 则 1，非 1 则 0。

赋值运算符用于将一个表达式的结果赋给一个变量，用"="表示。

递增运算符++表示将操作数加 1，递减运算符--表示将操作数减 1，这两个都是一元运算符，多用于循环中。

条件运算符?:，表达式形如 exp1?: exp2，exp3，其功能是若 exp1 为真，则表达式结果为 exp2 的值；若 exp1 为假，则表达式结果为 exp3 的值。

C 语言还支持一些特殊运算符，如逗号运算符、sizeof 运算符、指针运算符、成员运算符等。逗号运算符用于将多个相关的表达式连接在一起，按从左到右顺序进行计算。sizeof 运算符是返回操作数所占的字节数。指针的取地址运算符为&，"&变量名"是指取出存放变量的地址；指针的间接运算符为*，"*指针名"是指取出存储在指针地址中的对应值。成员运算符"->"，与指向结构（struct）或联合（union）的指针一起使用，用来指明结构或联合的成员。如 ptrstr 是一个指向结构的指针，member 是由该结构模板指定的一个成员，则 ptrstr->member 表达式就表示被指向的结构的成员。

### 3.2.2　表达式

C 语言的表达式由操作符和操作数组成，通过运算返回结果值。运算顺序根据运算符的优先级别，较高优先级的运算符先计算，相同优先级的运算符根据级别按"从左到右"或"从右到左"的顺序计算。C 语言中运算符的优先级别从高到低排列情况如下：① 括号（ ）、数组元素引用[]、成员运算符->；② 一元加+、一元减-、递增++、递减--、逻辑非！、指针引用*、地址符&、长度运算符 sizeof、类型转换（type）；③ 乘法×、除法／、取模%；④ 加法+、减法-；⑤ 小于<、小于等于<=、大于>、大于等于>=；⑥ 等于==、不等于!=；⑦ 逻辑与&&、逻辑或||；⑧ 条件运算符?:；⑨ 赋值运算符=；⑩ 逗号运算符，等等。

## 3.3　程序结构

设计编写一个程序要掌握 C 语言程序的基本设计结构。从程序流程的角度来看，程序可以分为三种基本结构，即顺序结构、选择结构、循环结构。这三种基本结构可以组成各种复杂的程序。

### 3.3.1　顺序结构

顺序结构是指程序中的语句是按照从上到下的顺序逐行排列，程序的执行是按语句的排列顺序进行，是最简单的程序设计结构。完成顺序结构程序设计的语句包括赋值语句、复合语句、函数调用语句等。

例如：从键盘输入两个整数，输出交换后的值。

```c
#include <stdio.h>
void main()
{
    int x,y;
    printf("请输入两个整数:\n");
    scanf("x=%d,y=%d",&x,&y);
    x=y-x;
    y=y-x;
    x=y+x;
    printf("交换后的值为：\n");
    printf("x=%d,y=%d\n",x,y);
}
```

运行情况如图 3-1 所示。

图 3-1　运行结果

### 3.3.2　选择结构

选择结构的程序设计中使用了用于条件判断的语句，增加了程序功能，增强了程序的逻辑性和灵活性。实现选择结构的语句有 if 语句、if…else 语句、switch 语句、条件运算符语句和 goto 语句等。

**1. if 语句**

if 语句是功能强大的判断语句，通过对表达式（关系或条件表达式）进行判断，根据判断结果控制程序流程。如"年龄大于 55 岁，则退休"就是简单的选择结构。

if 语句的一般形式为：

**if（表达式）语句块**

if 语句在运行的过程中会先计算表达式的值，若表达式值非零（即为真），则运行其后面的语句块；若表达式的值为零（即为假），则不运行任何操作。

if 语句的运行流程如图 3-2 所示。

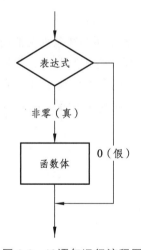

图 3-2　if 语句运行流程图

例 3-1：根据输入分数判断是否通过考试。

```
#include<stdio.h>
void main()
{
    int score;
```

```
        printf("输入成绩的分值：\n");
        scanf("%d",&score);
        if (score>=60)
        {
            printf("你的成绩为 %d\n",score);
            printf("考试通过！\n");
        }
        if(score<60)
        {
            printf("你的成绩为 %d\n",score);
            printf("考试没有通过。\n");
        }
}
```

运行情况如图 3-3 所示。

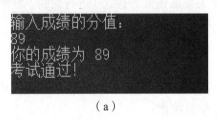
（a）

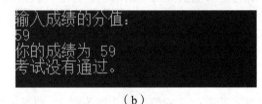
（b）

图 3-3　运行结果

2. if…else 语句

除了在指定条件为真时执行语句块，还要在条件为假时执行另外的语句块，则可通过 if…else 语句来实现。如路口的交通灯，对绿灯进行判断，若是绿灯（即为真）则车辆通行，若不是绿灯（即为假）则车辆禁止通行。当包含多个判断语句时，可以嵌套使用多个 if…else 语句。在嵌套使用 if 语句时要注意 if 与 else 的配对情况，else 语句总是与它上面最近的未配对的 if 语句进行配对。

if…else 语句的一般形式为：

**if**（**表达式**）

　　语句块 **1**；

**else**

　　语句块 **2**；

if…else 语句的运行流程如图 3-4 所示。

例 3-2：判断输入的年份是否是闰年。

```
#include<stdio.h>
main()
{
    int year;
    printf("请输入年份\n");
```

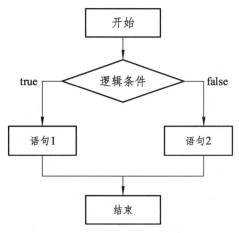

图 3-4　if…else 语句运行流程图

```
scanf("%d",&year );
if((year%4==0)&&(year%100!=0)||(year%400==0))
{
    printf("%d  是闰年\n",year);
}
else
{
    printf("%d  不是闰年\n",year);
}
}
```

运行情况如图 3-5 所示。

（a）　　　　　　　　　　　　　　　　（b）

图 3-5　运行结果

3. switch 语句

对于选项很多的情况，多次嵌套使用 if…else 语句，其层数就很多，程序比较冗余，代码可读性不好，此类情况可采用 switch 多路判断语句轻松实现。

switch 语句是多分支选择语句，它的一般形式为：

```
switch（表达式）
{
  case 情况 1：
      语句块 1；
      break；
```

```
    case 情况 2：
        语句块 2；
        break；
    ……
    case 情况 n：
        语句块 n；
        break；
    default：
        默认情况语句块；
        break；
}
```

switch 关键字后面括号中的表达式是指要进行判断的条件,必须是一个整型表达式或返回整型数值的函数调用。case 关键字后表示条件符合的各种情况，可以是整型常量或常量表达式，任意两个 case 语句都不能使用相同的常量值，后面的语句块是对应的操作，可以多个 case 语句对应一个语句块，即为多个条件下执行相同的语句块。最后 default 关键字的作用是当没有符合的条件时，就执行 default 后面的默认情况语句块。在每个语句块的最后都有一个 break 关键词构成的语句，用于跳出 switch 结构。

switch 语句的执行流程如图 3-6 所示。

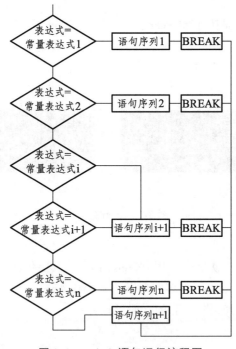

图 3-6　switch 语句运行流程图

例 3-3：根据输入月份判断季节。

```
#include<stdio.h>
void main()
```

```
{
    int month;
    printf("please enter a month:\n");
    scanf("%d",&month);
    switch(month)
    {
        case 3:
        case 4:
        case 5:
            printf("%d is spring\n",month);
            break;
        case 6:
        case 7:
        case 8:
            printf("%d is summer\n",month);
            break;
        case 9:
        case 10:
        case 11:
            printf("%d is autumn\n",month);
            break;
        case 12:
        case 1:
        case 2:
            printf("%d is winter\n",month);
            break;
        default:
            printf("error!!!\n");
    }
}
```

运行情况如图 3-7 所示。

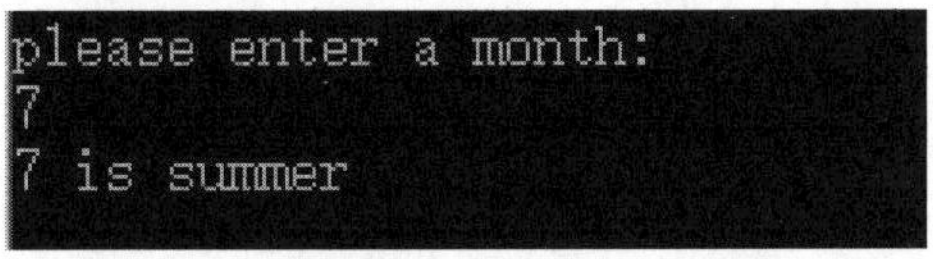

（a） 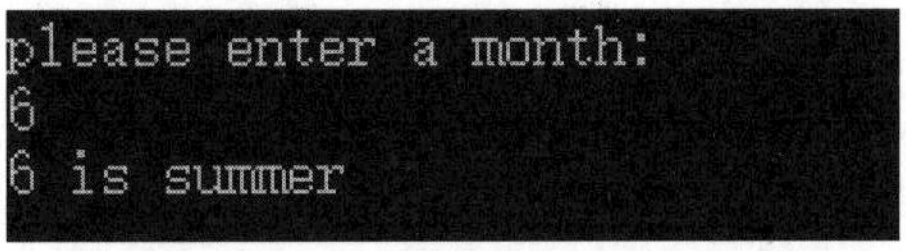                    （b）

图 3-7    运行结果

从程序运行结果看，当检测到 month 的值为同一个季节，都会执行相同的操作，这是 switch
语句中的多路开关模式。

### 3.3.3 循环结构

程序除了能在运行时根据判断、检验条件做出相应的选择外，还可以反复执行某一段指令代码，直到满足某个条件为止。这种重复的执行过程即称为循环。C 语言的循环语句有 while 语句、do…while 语句、for 语句三种。一个完整的循环过程包括这样几个部分：一是需要设置并初始化条件变量；二是具体运行的循环体中的语句块；三是用指定的值测试条件变量，以判断是否再次运行循环体；四是设置变量的改变值。

1. while 语句

while 语句是 C 语言循环结构中最简单的，属于入口控制型循环语句。语句运行时，首先判断测试条件，若条件为真，即运行循环体；运行后，再次判断测试条件，若仍为真，则再次执行循环体；一直循环执行，直到判断条件变为假，则跳出该循环。

while 语句的一般形式为：

**while（表达式）**

**{**

**　循环体**

**}**

循环体中可以是一条语句，也可以是多条语句构成的语句块。while 语句的执行步骤如下：

（1）计算测试表达式的值，如果为真，则执行第二步，否则执行第四步。

（2）执行循环体中语句。

（3）执行完循环体语句，判断是否退出循环体；若是，则执行第四步，否则返回执行第一步。

（4）退出 while 循环，执行 while 循环后面的语句。

要注意的是若判断条件永远为真，则无法终止循环，即陷入死循环，这是代码编写中不允许的情况，因此必须有使得判断条件为假的操作。

while 语句的运行流程如图 3-8 所示。

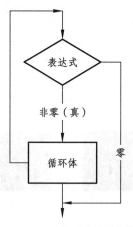

图 3-8　while 语句运行流程图

例 3-4：猜数字游戏。假设目标数字为 50，通过 while 循环实现数字的输入，提示输入的数字是偏大或者偏小，最终猜对数字。

```c
#include<stdio.h>
void main()
{
    int num;
    printf("请输入一个数字:\n");
     while(num!=50)
     {
         scanf("%d",&num);
          if(num<50)
          {
              printf("你猜小了\n");
          }
         else if(num>50)
         {
            printf("你猜大了\n");
         }
         else if(num==50)
         {
            printf("你猜对了!! \n");
         }
     }
}
```

运行情况如图 3-9 所示。

图 3-9　运行结果

上述代码中通过 while 语句判断 num 的值是否不等于 50，若条件为真，则执行 while 的语句块，输入"你猜小了"或"你猜大了"；若条件为假，则跳过语句块执行后面的内容，输入"你猜对了!!"。

2. do…while 语句

do…while 语句是一种出口控制循环，无论条件是否满足，循环体必须至少执行一次，即先执行循环体语句，再判断循环条件是否成立。do…while 语句的一般形式为：

**do**

**{**

　　**循环体**

**}**

**while**（表达式）;

do…while 语句首先执行一次循环体中语句，再对表达式进行判断；当表达式值为真时，返回并重新执行循环体语句，直到表达式判断为假，终止循环。

do…while 语句的运行流程如图 3-10 所示。

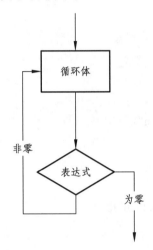

图 3-10　do…while 语句运行流程图

例 3-5：假设一辆客车承载量为 30 人，若达到 30 人，就不能再载客了。

```
#include<stdio.h>
void main()
{
    int num=0;
    printf("客车准载人数为 30\n");
    printf("输入客车现在已有人数："）;
    scanf("%d",&num);
     do
     {
        num++;
        printf("还能承载 %d 人，\n",31-num);

     }while(num<=30);
        printf("座位已满，不能再载客了。\n");
}
```

运行情况如图 3-11 所示。

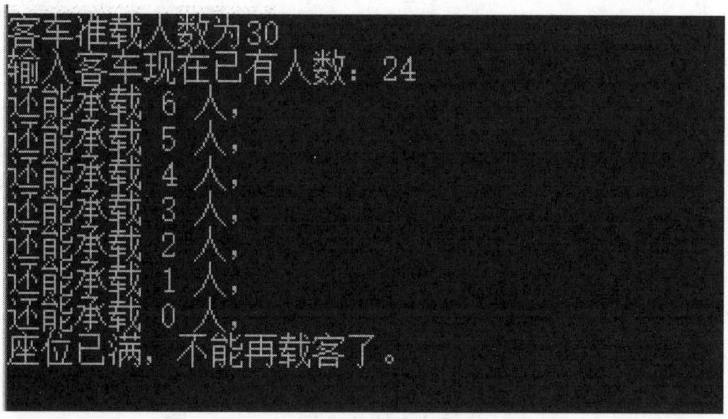

图 3-11 运行结果

上述代码中，num 变量存放当前客车上的人数。do 之后是的循环语句进行累加并输出座位剩余情况；while 语句进行条件的判断，若条件为真，则继续执行 do 后的语句块；当条件为假时，执行 while 之后的语句，输出"座位已满，不能再载客了"。

3. for 语句

for 语句是 C 语言中最灵活、使用最多的循环语句，是另一种入口控制循环。它可以被用于循环次数已知的情况，也可以使用表达式来控制循环，可以代替 while 语句，是一种比 while 语句循环功能更强的循环语句。for 语句的一般形式为：

**for**（**表达式 1；表达式 2；表达式 3**）

**{**

**循环体**

**}**

for 语句的具体执行步骤如下：

（1）计算表达式 1 的值。

（2）判断表达式 2 的值：若为真，则执行循环体中的语句，再执行（3）；若为假，则终止循环，执行（5）。

（3）计算机表达式 3 的值。

（4）返回执行（2），进行表达式 2 的判断。

（5）循环结束，执行 for 语句之后的语句。

for 语句中可以同时初始化多个变量，例如 for（i=0，j=1；i<10；i++）语句就同时初始化了 i 和 j 两个变量，要注意的是初始化多个变量的赋值语句之间用逗号分隔。在表达式 3 中也可以对多个变量进行改变。表达式 2 中可以是多种运算符构成的复杂表达式，不局限于只针对循环控制变量的改变。for 语句的 3 个表达式可以根据情况省略一个或多个，但分号必须保留，若 3 个表达式都省略，即通过空语句的循环来实现时间的延时。

for 循环语句的运行流程如图 3-12 所示。

例 3-6：用 for 语句实现 1~100 的累加和。

```c
#include<stdio.h>
void main()
{
```

```
int i;
int sum=0;
for(i=1;i<=100;i++)
{
    sum=i+sum;
}
printf("1~100 的结果是:%d\n",sum);
}
```

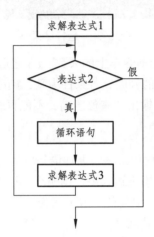

图 3-12　for 循环语句运行流程图

运行情况如图 3-13 所示。

1~100的结果是:5050

图 3-13　运行结果

4. 循环嵌套

循环的嵌套是指在一个循环体内又包含了另一个完整的循环。内嵌的循环还可以嵌套循环，这就形成了多层循环。循环的嵌套执行过程是外循环一次，内循环执行，在内循环结束后，再执行下一次外循环，如此反复，直到外循环结束。while、do…while、for 循环可以嵌套它们本身，也可以互相嵌套。循环的嵌套应注意以下情况：

（1）外循环必须完全包含内循环，不能交叉。

（2）在多重循环中，各层循环的循环控制变量不能同名。

（3）在多重循环中，并列循环的循环控制变量名可以相同，也可以不同。

例 3-7：打印乘法口诀表。

```
#include<stdio.h>
void main()
{
    int iRow, iColumn;
    for(iRow=1;iRow<=9;iRow++)
```

```
    {
        for(iColumn= 1;iColumn<=iRow;iColumn++)
        {
            printf("%d*%d=%d ", iRow,iColumn,iRow *iColumn);
        }
        printf("\n");
    }
}
```
运行情况如图 3-14 所示。

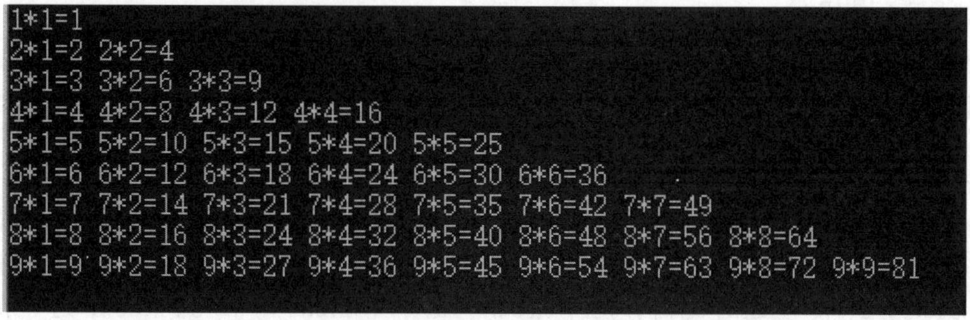

```
1*1=1
2*1=2 2*2=4
3*1=3 3*2=6 3*3=9
4*1=4 4*2=8 4*3=12 4*4=16
5*1=5 5*2=10 5*3=15 5*4=20 5*5=25
6*1=6 6*2=12 6*3=18 6*4=24 6*5=30 6*6=36
7*1=7 7*2=14 7*3=21 7*4=28 7*5=35 7*6=42 7*7=49
8*1=8 8*2=16 8*3=24 8*4=32 8*5=40 8*6=48 8*7=56 8*8=64
9*1=9 9*2=18 9*3=27 9*4=36 9*5=45 9*6=54 9*7=63 9*8=72 9*9=81
```

图 3-14　运行结果

上面程序代码中使用了两层 for 循环，外层循环是乘法口诀表的行数，即乘法运算的第一个因子；内层循环范围是建立在第一个 for 循环基础上。两层 for 循环的嵌套使用实现了乘法口诀表的打印输出。

5. 跳转语句

跳转语句的功能是可以中断当前程序的执行流程，跳转到另一个点继续执行程序。若程序跳转到了变量的作用域范围之外，变量则会被销毁。C 语言无条件跳转语句有 break、continue、goto 和 return。

1）break 语句

break 语句只能用于循环体内或 switch 语句内,使程序执行流程跳转到该循环或该switch语句后面的第一条语句。无论在循环体内的什么位置，break 语句都可以直接结束循环。break语句的语法如下：

**break；**

2）continue 语句

continue 语句只能在循环体内使用。在 while 或 do…while 循环中，当遇到 continue 语句时，程序将跳过当前循环中尚未执行的代码部分，跳转到循环的控制表达式，并进行下一次的循环条件计算。在 for 循环中，遇到 continue 语句时，程序会跳转到循环头部的第三个表达式，并进行下一次的循环条件计算。continue 语句的语法如下：

**continue；**

3）goto 语句

goto 语句会进行无条件跳转，使得程序执行流程跳转到同一个函数中的另一条语句，跳转的目的地使用标签名称来指定，goto 语句的语法如下：

**goto 标签名称；**

一个标签由标签名称及其后面的冒号组成，即

标签名称：语句

标签可以使用与变量或类型一样的名称，而不会发生冲突，因为标签有自己的命名空间。标签可以放在任何语句的前面，并且一条语句也可以有多个标签。标签的目的是标识 goto 语句的目的地，对于语句本身，没有任何影响，被贴上标签的语句依然可以由上而下顺序地执行。

如果使用太多 goto 语句，程序代码的可读性会很差，编译器生成的代码效率更低。因此，只有在非常有必要时才使用 goto 语句，比如从很深的嵌套循环中跳离出来。总之，良好的编程习惯是避免使用 goto 语句。

4）return 语句

return 语句会中止执行当前函数，计算 return 后表达式的值，并将值返回给主函数，之后跳转回到调用该函数的位置，继续执行主函数后面的语句块。return 语句的语法如下：

**return　[表达式]；**

不带任何表达式的 return 语句仅能在类型为 void 的函数中使用。一个函数内可以有任意多个 return 语句，例如，返回两个整数参数中的较大值：int max（int a，int b）{ if（a > b）return a；else return b；}。上述函数体内的 if…else 语句也可以用 return（a > b ? a：b）；这一条语句来替代，其中的括号不会影响 return 语句的执行情况。但复杂的 return 表达式常常被放在括号内，以提高代码的可阅读性。

例 3-8：有一口井深 10 米，一只蜗牛在井底向上爬，白天爬 2 米，晚上滑下 1 米。请输出蜗牛多少天可以爬到井口。

```c
#include<stdio.h>
int main()
{
    int count,sum=0;
    for(count=1;;count++)
    {
        sum=sum+2;
        if(sum==10)
        {
            printf("蜗牛一共用了%d 天爬到井口",count);
            break;
        }
        sum=sum-1;
        if(sum==10)
        {
            printf("蜗牛一共用了%d 天爬到井口",count);
            break;
        }
```

```
    }
    return 0;
}
```
运行情况如图 3-15 所示。

蜗牛一共用了9天爬到井口

图 3-15　运行结果

例 3-9：教孩子数数，有 0 ~ 9 共 10 个数字，数到 5 时，孩子休息一下，之后继续数完后面的数。

```
#include<stdio.h>
int main()
{
    int iCount;
    for(iCount=0;iCount<10;iCount++)
    {
        if(iCount==5)
        {
            printf("Have a rest!\n");
            continue;
        }
        printf("%d\n",iCount);
    }
    return 0;
}
```
运行情况如图 3-16 所示。

图 3-16　运行结果

上述程序代码中，当 iCount 等于 5 时，调用 continue 语句结束本次循环，之后继续执行后面代码。continue 和 break 的区别是：continue 语句是结束本次循环，break 语句是结束整个循环。

## 3.4　数组

数组是 C 语言的一种常用构造类数据类型，是指具有相同数据类型的数据的有序集合，数组中的一个数据项称为一个数组元素，每一个数组元素由数组名及下标唯一表示，这是描述数组的基本要素。

**1. 数组名**

数组名是数组变量的名称，是一个合法的标识符。在数组定义时，会在内存中给数组变量分配连续的内存空间，数组名对应着连续空间的起始地址。

**2. 数组下标**

数组的下标是数组为在连续空间中为某一个元素的一个定位，即这个元素在数组中所处的位置。数组下标的个数确定了数组的维数，有一维数组、二维数组、多维数组。

数组类型具有两个特点：一是数组元素的个数必须是确定的，不允许随机变动，但元素值是可变的；二是数组元素的类型必须相同，不允许是混合类型，即一个数组的元素只能取一种数据类型，可以是整型、浮点型或字符型，分别构成整型数组、浮点型数组或字符型数组。

### 3.4.1　一维数组

**1. 一维数组的定义**

定义一维数组的一般形式为：

**类型名　数组名[常量表达式]；**

其中，类型名指定了数组中每一个元素的类型，可以是 int、char、float、double 等基本数据类型，也可以是 C 语言中的构造类型，比如结构体类型、枚举类型等，还可以是通过 typedef 定义的数据类型。常量表达式指明数组中包含的元素个数，即为数组的长度，可以是常量、常量表达式，但不能由变量来动态定义数组大小。

比如：int a[10]；定义了数组 a，包含 a[0] ~ a[9]共 10 个整型元素；

　　　int n；char name[n]；数组 name 的定义是非法的。

**2. 一维数组的引用**

数组遵循先定义后引用的原则，C 语言中只能逐个引用数组元素而不能一次引用整个数组。引用数组元素时要指明数组名和数组下标，引用形式为：

**数组名[下标]**

下标可以是整型常量，比如 a[0]、a[3]；也可以是整型变量或整型表达式，比如 int i；a[i]，a[i-2]。不管下标是常量或变量，其正确的取值范围为 0 ~ 数组长度-1，比如 int a[10]定义的数组 a 中包含 a[0] ~ a[9]共 10 个元素，即数组长度为 $n$ 时，数组中有 $n$ 个元素，第一个元素的下标为 0，最后一个元素的下标为 $(n-1)$。

**3. 一维数组的初始化**

定义数组时给数组元素赋值，即为数组的初始化。其一般形式为：

**类型说明符　数组名[整型常量或常量表达式]={初始化列表}**

一维数组的元素初始化可以通过以下几种方式实现：

1）对所有元素赋初值

在定义一维数组时，将数组中所有元素值依次放在一对大括号中，直接赋值给数组每个元素。比如：

int a[5]={1,2,3,4,5}；

上述语句中表示定义了一个整型数组 a，共 5 个元素，a[0]=1，a[1]=2，a[2]=3，a[3]=4，a[4]=5。当数组全部元素都赋了初值则可以省略数组的长度，系统会根据初值的个数自动给出数组的长度，上述语句也可调整为：int a[ ]={1,2,3,4,5}；。为了提高程序的可读性，建议不管是否对数组元素全部赋初值，都不要省略数组长度。

2）对部分元素赋初值

int a[10]={1,2,3,4,5}；

上述语句表示定义了整型数组 a，共 10 个元素，其中 a[0]=1，a[1]=2，a[2]=3，a[3]=4，a[4]=5，其余元素 a[5]～a[9]的初值为 0。在定义数组时，如果只对部分元素赋初值，则必须指定数组的长度。若在定义数组时，直接将所有数组元素初始化为 0，则语句为：int a[10]={0}；，表示把定义的整型数组 a 的 10 个元素全部初始化为 0，大括号中的 0 不能省略。

4. 一维数组的应用

例 3-10：用"冒泡法"把从键盘输入的 10 个数据按由小到大排序。

程序代码如下：

```c
#include<stdio.h>
main( )
{
    int i,j,temp;
    int a[10];
    printf("input ten numbers:\n");
    for(i=0;i<10;i++)
        scanf("%d",&a[i]);
    printf("\n");
    for(i=0;i<9;i++)
    {
        for(j=0;j<9-i;j++)
        {
            if(a[j]>a[j+1])
            {
                temp=a[j];
                a[j]=a[j+1];
                a[j+1]=temp;
            }
        }
```

```
    }
    printf("the sorted number:");
    for(i=0;i<10;i++)
    printf("%5d",a[i]);
    }
```
运行情况如图 3-17 所示。

```
input ten numbers:
7 12 76 34 0 21 89 56 31 91

the sorted number:    0    7   12   21   31   34   56   76   89   91
```

图 3-17　运行结果

在 C 语言中，排序和查找是数组使用最为频繁的操作。排序是指把输入数据作为数组中元素，按照升序或者降序对数组元素进行重新排列的过程，常用的排序方法有冒泡排序法、选择排序法、插入排序法等。查找是找出指定数据在数组中的位置，指定的数据为查找键。若在列表中找到与查找键匹配的值，即为查找成功；否则，查找不成功。

### 3.4.2　二维数组

一维数组可以处理相同类型的数据，它的下标只有一个，处理的是数据列，比如全班学生的 C 语言成绩或者单片机成绩，总之只能是对某一科成绩的处理。若要处理学生的多门课程成绩，即为一张成绩表，则要使用二维数组，其中第一维下标指明某一位学生，第二维下标指明某一门课程。二维数组就是一维数组的数组，第一维表示有多少行，第二维表示有多少列。

**1. 二维数组的定义**

二维数组定义的一般形式为：

**类型名　数组名[常量或常量表达式 1][常量或常量表达式 2];**

类型说明符、数组名和常量表达式的意义与一维数组相同，常量或常量表达式 1 称为行下标，常量或常量表达式 2 称为列下标。二维数组 array[n][m]中，行下标的取值范围为 0 ~ n-1，列下标的取值范围为 0 ~ m-1，该二维数组的最大下标元素是 array[n-1][m-1]。例如：int a[2][3]；语句定义了一个 2 行 3 列的二维数组 a，其中的元素有 a[0][0]、a[0][1]、a[0][2]、a[1][0]、a[1][1]、a[1][2]，共 6 个数组元素；二维数组是按行排列的，先存放 a[0]行，再存放 a[1]行，每行中的 3 个元素也是一次存放。可以把二维数组看作是一种特殊的一维数组，其特殊之处在于它的每一个元素又是一维数组。

**2. 二维数组的引用**

二维数组也只能逐个引用元素，不能引用整个数组，其引用一般形式为：

**数组名[行下标][列下标]**

引用时注意行下表和列下标的范围，不能越界引用。例如，定义的二维数组 a[3][3]，a[1][3]、a[3][1]、a[0][3]等都是越界的元素，属于非法引用。

3. 二维数组的初始化

1）分行初始化

初始化的一般形式为：

**类型名 数组名[常量表达式 1][常量表达式 2]={{第 0 行元素初值表}，{第 1 行元素初值表}…};**

其中，每一对花括号内的值赋给一行元素，并且数据与数据之间用逗号分隔。例如，二维数组初始化语句为 int a[2][3]={{1,2,3}，{4,5,6}};其对应的初始化结果为：a[0][0]=1，a[0][1]=2，a[0][2]=3，a[1][0]=4，a[1][1]=5，a[1][2]=6。

初值表中给出了所有行时，可以省略常量表达式 1，即行下标，但列下标不能省略。例如，int a[ ][3]={{1,2,3}，{4,5,6}};表示 2 行 3 列的二维数组。

这种初始化方法比较直观，把第一个花括号内的数据赋值给第一行元素，第二个花括号内的数据赋值给第二行的元素，以此类推。

2）按排列顺序给各数组元素初始化

初始化的一般形式为：

**类型名 数组名[常量表达式 1][常量表达式 2]={初值表};**

初值表中的数值按照二维数组中元素的排列顺序直接给出，数据之间仍然用逗号分隔。例如，int a[2][3]={1,2,3,4,5,6};中对应的初始化结果与上一种初始化结果相同。

此类全部元素赋初值的初始化方式中，常量表达式 1（也就是行下标）可以省略，但是列下标不能省略。例如，int a[][3]={1,2,3,4,5,6};的初值表共 6 个数据，二维数组每行有 3 列，故可确定数组的行数为 2，即定义的是 2 行 3 列的二维数组。系统会根据数组元素的总个数和第二维（列下标）的长度计算出第一维的长度（行下标）。

3）对部分元素初始化

分行初始化和按排列顺序初始化都可以实现对二维数组的部分元素进行初始化。系统默认将未被赋值的数组元素值置为 0。

例如：int a[2][3]={1,2,3,4};对应的初始化结果为：a[0][0]=1，a[0][1]=2，a[0][2]=3，a[1][0]=4，a[1][1]=0，a[1][2]=0。

int a[2][3]={{1,2},{4,5}};对应的初始化结果为：a[0][0]=1,a[0][1]=2,a[0][2]=0,a[1][0]=4,a[1][1]=5，a[1][2]=0。

int a[3][3]={{1,2}，{ }，{4,5,6}};对应的初始化结果为：a[0][0]=1，a[0][1]=2，a[0][2]=0，a[1][0]=0，a[1][1]=0，a[1][2]=0，a[2][0]=4，a[2][1]=5，a[2][2]=6。上述初始化语句中第二行所有元素赋值为 0，但第二行对应的这对花括号不能省略。

4. 二维数组的应用

例 3-11：利用二维数组输出中心点在原点、边长为 2 的正方形的 4 个顶点的坐标。

程序代码如下：

```c
#include<stdio.h>
main( )
{
    int a[4][2];
```

```
    int i,j;
    printf("输入正方形四个顶点坐标：\n");
    for(i=0;i<4;i++)
    {
        for(j=0;j<2;j++)
        {
            printf("a[%d][%d]=",i,j);
            scanf("%d",&a[i][j]);
        }
    }
    printf("输出二维数组：\n");
    for(i=0;i<4;i++)
    {
        for(j=0;j<2;j++)
        {
            printf("%d\t",a[i][j]);
        }
        printf("\n");
    }
}
```

运行情况如图 3-18 所示。

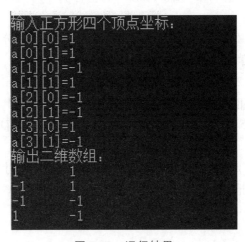

图 3-18　运行结果

在程序中根据每一次提示，输入正方形 4 个顶点的坐标数据，再将这些坐标以 4 行 2 列的二维数组输出。

### 3.4.3　多维数组

C 语言支持多维数组，多维数组的定义与二维数组相同，只是下标更多，n 维数组定义的一般形式为：

**数据类型 数组名[常量表达式 1][常量表达式 2]…[常量表达式 n]；**

例如：int a1[3][4][10]；

float a1[3][6][4][5]；

其中，a1 是一个三维数组，共有 120 个整型数组元素；a2 是一个四维数组，共含有 360 个浮点型数组元素。

### 3.4.4 字符数组

数组元素类型为字符型的数组称为字符数组，其每一个元素可以存放一个字符，它的定义和引用与基本类型数组类似。在 C 语言中，没有专门的字符串变量，字符数组实际上是一系列字符的集合，通常用一个字符数组来存放一个字符串。

**1. 字符数组的定义**

一般形式为：

**char 数组名[常量表达式]；**

例如，char cArray[5]；定义了一个字符数组 cArray，包含 5 个字符型的元素，cArray[0] ~ cArray[4]。

**2. 字符数组的引用**

字符数组的引用与其他类型数据的引用一样，也是通过数组名加下标的形式实现。例如，引用上面定义的数组 cArray：cArray[0]、cArray[1]、cArray[2]、cArray[3]、cArray[4]。

**3. 字符数组的初始化**

对字符数组的初始化操作有以下两种方式。

1）逐个字符初始化

逐个字符初始化的一般形式为：

**char 数组名[数组长度]={字符初值表}；**

例如，char cArray[5]={'h', 'e', 'l', 'l', 'o'}；

上面定义了包含 5 个元素的字符数组 cArray，大括号中的每一个字符对应着一个数组元素，即 cArray[0]= 'h'、cArray[1]= 'e'、cArray[2]= 'l'、cArray[3]= 'l'、cArray[4]= 'o'。

其中，每个字符须用一对单引号括起来。若定义字符数组时直接对全部元素进行了初始化，则数组长度可以省略，系统根据初值字符个数确定数组长度，例如：char cArray[]={'h', 'e', 'l', 'l', 'o'}；，若字符初值表中字符个数小于数组长度，则只将字符赋值给数组前面对应的元素，后面元素自动赋为空操作符。

2）利用字符串给字符数组初始化

字符串是用双引号括起来的一串字符，C 语言中的字符串是当作字符数组来处理的，因此可以用字符串来进行字符数组初始化。

其一般形式为：

**char 数组名[数组长度]={字符串常量}；**

或为：

**char 数组名[数组长度]=字符串常量;**

例如，char cArray[5]={"hello"}；或 char cArray[5]="hello"；

当通过使用字符数组来保存字符串时，系统会自动为该字符串增加一个 '\0' 作为串的结束标志符，该标识符是一个 ASCII 码值为 0 的空操作符。有个 '\0' 结束标志符，字符数组的长度就显得不那么重要了，但是在定义字符数组时给出的长度要保证始终大于字符串的实际长度。

4. 字符数组的应用

例 3-12：输入一行字符，统计其中的单词个数。每个单词之间用空格隔开，且最后一个字符不能为空格，一行字符输入完毕后回车结束。

```c
#include<stdio.h>
main( )
{
    char cString[50];
    int iIndex,iWord=1;
    char cSpace;
    gets(cString);
    if(cString[0]=='\0')
    {
        printf("没有一个单词！\n");
    }
    else
    {
        for(iIndex=0;cString[iIndex]!='\0';iIndex++)
        {
            cSpace=cString[iIndex];
            if(cSpace==' ')
            {
                iWord++;
            }
        }
        printf("%d\n",iWord);
    }
}
```

运行情况如图 3-19 所示。

（a）                              （b）

图 3-19　运行结果

代码中通过 gets( )函数将键盘输入的字符串存放在 cString 字符数组中。程序运行时先对输入字符进行判断，若第一个字符即为空格，提示"没有一个单词！"；否则通过 for 循环判断每一个字符数组中元素是否为空格，有一个空格则对输出的单词数量加 1。

## 3.5  函数

函数是 C 语言程序中的基本单元，是执行某特定任务的代码块。每个 C 程序除了必须包含一个 main 函数外，通常将程序划分成多个模块，每个模块完成对应一部分功能，这样模块化的设计使得程序结构清晰、可读性好，其中的模块功能可以通过定义成一个个函数来实现。特别是程序中需要多次反复用到的模块代码，可单独设计成自定义函数，在需要时直接调用，从而避免了代码的重复，使得整个程序结构简洁，易于调试。

C 程序的函数可分为库函数和自定义函数两大类。库函数是系统建立的具有一定功能的函数的集合，编程时通过#include <文件名>语句加载后就可直接调用，比如在代码前加上头文件#include<stdio.h>后，就可直接使用 printf 和 scanf 库函数。自定义函数是需要在程序设计时由用户自行编写的功能代码，main 函数就是最为常见的自定义函数。C 程序中有且仅有 main 函数一个主函数，程序的入口和出口都在 main 函数中，main 函数可以调用其他函数，其他函数也可以互相调用。

### 3.5.1 函数的定义

函数要在定义中完成其特定的功能，才能被其他函数进行调用。函数定义的基本形式如下：

**返回值类型　函数名（参数列表）**

**{**

**　　函数体；**

**}**

其中，第一行为函数头，是函数的入口，返回值类型为函数最后返回的值的所属类型，若函数没有返回值，可省略返回值类型或者用 void 表示；函数名为标识符，用于表示该函数；函数名后面一对括号中的参数列表是这个函数的形式参数，可以由一个或多个参数构成，多个形参之间用逗号分隔，也可以为空（括号不能省略）。

函数体位于函数头的下方，是用一对大括号括起来的语句块，用于描述函数要完成的具体功能。最后通过 return 语句返回函数的结果，return 语句返回的值的数据类型与函数头中的返回值类型一致；若为无返回值的函数，则函数体中没有对应的 return 语句。

例如：

```
int sumab（int a，int b）
{
    int s；
    s=a+b；
    return s；
}
```

上面定义了一个函数 sumab，它的功能是计算两个整数之和，将结果存放在整型变量 s 中，并通过 return 语句返回 s 的值。需要注意的是用逗号分隔的每个形参都是一个完整的变量定义，有数据类型和参数名，即使参数的数据类型相同也不能省略数据类型。比如上面例子的参数列表不能写成：int a，b。

当函数名后面的参数列表为空时，即为无参函数。例如：

```
void show（  ）
{
        printf（"欢迎来到 C 语言！"）
}
```

上面例子定义了一个无参函数 show，其功能是当调用该函数时即输出文本内容"欢迎来到 C 语言！"。应特别注意函数名 show 后面的括号是一个函数的标志，不能省略。

### 3.5.2　函数的调用

1. 调用方式

对定义好的函数进行使用的过程即为函数的调用。函数调用的基本形式为：

**函数名（实参列表）；**

实参列表中的参数个数、数据类型必须与对应的函数形参一致，强制类型转换除外。调用函数通过实参实现与被调用函数之间的参数传递。函数的调用可以是函数语句调用，也可以在表达式中调用，还可以是函数参数的调用。

例如：

```
#include <stdio.h>
main( )
{
  show( );
    }
```

程序中 main( )是一种特殊的函数，是程序的主函数。程序的入口和出口都位于 main 函数中。在 main 函数中调用其他函数，被调用函数执行结束后需要返回到 main 函数中，继续执行其后面的代码。main 函数可以调用其他函数，其他函数也可以互相调用。

上面程序代码在主函数 main 中通过语句 show( )；直接调用前面已定义好的函数 void show( )，即属于函数语句直接调用方式。程序从 main 函数开始运行，执行到语句 show( )时，直接调用 show 函数，实现文本内容的输出，执行完 show 函数后回到 main 主函数中继续执行，后面无代码则结束程序运行。

例如：

```
#include <stdio.h>
void main( )
    {
        int x=3,y=6,sum;
```

```
        sum=sumab(x,y);
        printf("%d",sum);
    }
```

上述程序在主函数 main 中的语句 sum=sumab（x，y）；实现对前面已定义好的函数 sumab 进行调用，将实参 x 和 y 的值进行求和计算，并将函数的结果 s 赋值给主函数中变量 sum。

例如：

```
#include<stdio.h>
void judgeTemperature(int temperature);
int getTemperature();
int main()
{
    judgeTemperature(getTemperature());
}
int getTemperature()
{
    int temperature;
    printf("请输入体温值：\n");
    scanf("%d",&temperature);
    printf("现在体温是：%d\n",temperature);
    return temperature;
}
void judgeTemperature(int temperature)
{
    if(temperature<=37.3f&& temperature>=36)
        printf("体温正常！\n");
    else
        printf("体温不正常！\n");
}
```

上述程序定义了 getTemperature( )函数，用于返回当前体温值，并将其结果作为另一个函数 judgeTemperature（int temperature）的参数。这是函数调用作为另一个函数参数的使用情况。

2. 函数的声明

在上述体温值判断程序中，judgeTemperature( )及 getTemperature( )函数的定义放在 main 函数调用这两个函数语句之后，因此需要在 main 函数调用之前添加函数的声明。函数声明的基本形式为：

**返回值类型　函数名（形参表）；**

其格式与函数定义的函数头格式一致，最后增加一个分号作为语句的标志。该声明语句可以放在 main 函数之前，也可以放在 main 函数中对应函数调用之前。

### 3.5.3 函数的参数

函数的参数有形式参数和实际参数之分。在定义函数时，函数名后面括号中的变量名称为形式参数；在调用函数时，函数名后面括号中的变量名为实际参数。函数的调用即为主调函数向被调用函数传递数据，并实现被调用函数的函数体功能。

调用函数间参数的传递有两种不同方式，一种是值传递，另一种是地址传递。值传递是单向传递，当函数形参的数据类型为基本数据类型，主调函数在调用时给形参分配存储单元，把实参具体的值传递给形参，在调用结束后，形参的存储单元被释放，而形参值的任何变化都不会影响到实参的值，实参的存储单元仍保留并维持数值不变；当函数形参的数据类型为地址类型时，如数组、指针等，函数参数传递为地址传递方式，此时形参接收到的是实参变量的地址，即指向实参的存储单元，形参在取得该首地址之后，与实参共同拥有一段内存空间，形参的变化也就是实参的变化。

例 3-13：

```
#include <stdio.h>
void Swap(int x,int y)
{
    int tmp;
    tmp = x;
    x = y;
    y = tmp;
    printf("x = %d,y = %d\n", x, y);
}
int main(void)
{
    int a=10;
    int b=20;
    Swap(a, b);
    printf("a = %d, b = %d\n", a, b);
}
```

运行情况如图 3-20 所示。

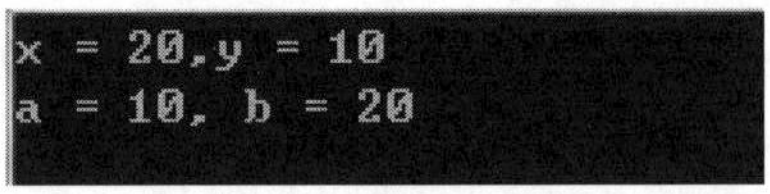

```
x = 20,y = 10
a = 10, b = 20
```

图 3-20　运行结果

在上面代码中，函数在调用时，把实参 a 的值赋值给了形参 x，而将实参 b 的值赋值给了形参 y，之后在 Swap( )函数体内再也没有对 a、b 进行任何操作。在 Swap( )函数体内实际交换的只是 x、y，并不是 a、b，因此最后 a、b 的值没有改变。

例 3-14：

```
#include <stdio.h>
void Swap(int *px,int *py)
```

```
{
        int tmp;
        tmp = *px;
        *px = *py;
        *py = tmp;
        printf("*px=%d, *py=%d\n", *px, *py);
}
int main(void)
{
        int a=10;
        int b=20;
        Swap(&a, &b);
        printf("a=%d,b=%d\n",a,b);
}
```
运行情况如图 3-21 所示。

```
*px=20, *py=10
a=20,b=10
```

图 3-21    运行结果

在上面代码中，函数 void Swap（int*px，int*py）中的参数 px、py 都是指针类型，在 main 函数中使用语句 Swap（&a，&b）进行调用。该调用语句将 a 的地址&a 代入 px，b 的地址&b 代入 py，即将变量 a、b 的地址值&a、&b 传递给参数 px、py，指针变量 px、py 的值已经分别是变量 a、b 的地址值&a、&b。接下来对*px、*py 的交换操作当然也就是对 a、b 变量本身的操作了，因此最后 a、b 的值也改变了。

### 3.5.4    函数的嵌套调用

函数的定义是互相独立的，一个函数体内不能包含另一个函数的定义，但是在一个函数体中允许调用另一个函数，即函数的嵌套调用。

例 3-15：

```
#include<stdio.h>
void    CEO( );
void    Manager( );
void    AssistantManager( );
void    Clerk( );
int main( )
{
    CEO( );
    return 0;
```

```
    }
    void CEO( )
    {
        printf("CEO 给经理安排任务\n");
        Manager( );
    }
    void Manager( )
    {
        printf("经理给副经理安排任务\n");
        AssistantManager( );
    }
    void AssistantManager( )
    {
        printf("副经理给职员安排任务\n");
        Clerk( );
    }
    void Clerk( )
    {
        printf("职员执行任务\n");
    }
```
运行情况如图 3-22 所示。

图 3-22　运行结果

在上面代码中，主函数调用函数 CEO( )，定义函数 CEO 的函数体中调用 Manager( )函数；定义函数 Manager 的函数体中又调用 AssistantManager( )；定义函数 AssistantManager 的函数体中又调用 Clerk( )函数。需要注意的是，由于在前一个函数定义中对后一个函数进行了调用，因此需要在使用前进行函数的声明。

### 3.5.5　函数的递归调用

在函数内直接或间接调用该函数本身称为函数的递归调用。递归调用程序实际上是一种"大事化小，小事化了"的设计方法，是程序设计中的一种基本技术。将复杂问题一步步化简为能够实现的小问题，小问题与复杂问题有共同的特征或性质，只是规模大大缩小了，这样的问题都可以通过函数的递归调用来实现。

例 3-16：汉诺塔问题的实现。

汉诺塔（又称河内塔）问题是源于印度一个古老的传说。大梵天创造世界的时候做了三根金刚石柱子，在一根柱子上从下往上按照大小顺序摆着 64 片黄金圆盘。大梵天命令婆罗门把圆盘从下面开始按大小顺序重新摆放在另一根柱子上。并且规定，在小圆盘上不能放大圆盘，在三根柱子之间一次只能移动一个圆盘。

```c
#include<stdio.h>
int main()
{
    void hanoi(int n,char one,char two,char three);
    int m;
    printf("请输入盘子数：");
    scanf("%d",&m);
    printf("移动%d 个盘子的步骤是：\n",m);
    hanoi(m,'A','B','C');
    getchar();
    getchar();
}
void hanoi(int n,char one,char two,char three)
{
    void move(char x,char y);
    if(n==1)
        move(one,three);
    else
    {
        hanoi(n-1,one,three,two);
        move(one,three);
        hanoi(n-1,two,one,three);
    }
}
void move(char x,char y)
{
    printf("%c->%c\n",x,y);
}
```

运行情况如图 3-23 所示。

假设 A 塔上有 $n$ 个盘子，要将这 $n$ 个盘子全部移到 C 塔上，首先设法将 $n$-1 个盘子从 A 塔移到 B 塔上，再讲第 $n$ 号盘子从 A 塔移到 C 塔上，最后将 B 塔上的 $n$-1 个盘子设法移到 C 塔上即解决问题。因此，规模为 $n$ 的汉诺塔问题，可以分解成规模为 $n$-1 的问题，再逐次分解到移动 1 个盘子的问题。这是典型的用递归函数调用方法实现的问题。

图 3-23　运行结果

### 3.5.6　局部变量与全局变量

前一小节中函数的递归调用之所以能够实现，是因为函数在其每个执行过程内都有自己的形式参数和局部变量数据的副本，这些数据副本和函数的其他执行过程不产生任何关系。那什么是局部变量呢？局部变量和全局变量是根据代码的作用域来区分的。作用域是指在程序中可见性的范围，包括局部作用域和全局作用域。局部变量具有局部作用域，全局变量具有全局作用域。

#### 1. 局部变量

在函数内部定义的变量即为局部变量，除了定义它的函数以外的其他函数不能使用该变量。函数的形式参数也是局部变量，作用范围仅限于该函数体的语句块。

例 3-17：

```
#include <stdio.h>
int sum(int m, int n)
{
    int i, sum=0;
    for(i=m; i<=n; i++)
    {
        sum=sum+i;
    }
    return sum;
}
int main( )
{
    int s=1, t=99;
```

```
    int result=sum(s, t);
    printf("The sum from %d to %d is %d\n",s,t,result);
    return 0;
}
```

运行情况如图 3-24 所示。

```
The sum from 1 to 99 is 4950
```

图 3-24　运行结果

上述代码中，变量 m、n、i、sum 是局部变量，只能在函数 sum( )内部使用；s、t、result 也是局部变量，只能在主函数内部使用。主函数 main( )也是一个函数，因此在 main( )内部定义的变量也是局部变量，它的作用域只在主函数内。一个局部变量的作用域即为包含该变量的一对大括号内。

2. 全局变量

在所有函数的外部定义的变量即为全局变量，全局变量可以在程序的任何地方进行使用，它的作用域为整个程序。在同一程序中，某一个函数改变了全局变量的值，也能影响到其他函数。

例 3-18：一家连锁商店，其商品价格是全国统一的。当某一店对商品价格进行了调整，应当保证所有店的该商品价格同时变化。

```
#include<stdio.h>
Int iGlobalPrice=10;
void Store1Price( );
void Store2Price( );
void Store3Price( );
void ChangePrice( );
int main( )
{
    printf("手撕面包原价格是: %d\n",iGlobalPrice);
    Store1Price( );
    Store2Price( );
    Store3Price( );
    ChangePrice( );
    printf("手撕面包当前价格是: %d\n",iGlobalPrice);
    Store1Price( );
    Store2Price( );
    Store3Price( );
    return 0;
}
void Store1Price()
```

```
{
    printf("1 号连锁店手撕面包的价格是: %d\n",iGlobalPrice);
}
void Store2Price()
{
    printf("2 号连锁店手撕面包的价格是: %d\n",iGlobalPrice);
}
void Store3Price()
{
    printf("3 号连锁店手撕面包的价格是: %d\n",iGlobalPrice);
}
void ChangePrice()
{
    printf("手撕面包的价格调整后为：");
    scanf("%d",&iGlobalPrice);
}
```

运行情况如图 3-25 所示。

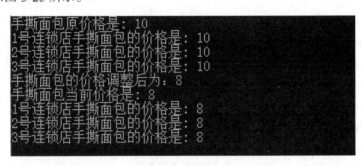

图 3-25　运行结果

上面代码中通过定义一个全局变量 iGlobalPrice 来表示手撕面包的价格，每一家连锁店就相当于每个函数。当面包价格这个全局变量被修改时，所有函数都使用被修改的该变量。

## 3.6　结构体

在解决具体问题时，经常需要用一组关系密切但是类型不相同的数据来描述一个实体。比如要管理班级学生的成绩，学生的信息数据包括学号、姓名、性别、成绩等，这些信息的数据类型不完全相同，但是都属于同一个学生的数据信息，是一个整体。C 语言中构造了一种结构体类型，用来表示集不同数据类型于一体的情况。

### 3.6.1　结构体的声明

结构体类型声明一般形式为：

**struct 结构体名**

{

　　成员列表

};

其中，struct 是结构体类型的关键字；结构体名必须符合标识符的命名规则；大括号内的成员列表由多个成员的定义组成；大括号后以分号结束该结构体类型的声明。

例如：

struct student

{

　　long num;

　　char name[20];

　　char sex;

　　float score;

};

上面语句定义了一个结构体 student，共定义了学号（长整型）、姓名（字符型）、性别（字符型）、成绩（浮点型）4 个成员。每个成员可以是基本数据类型，还可以是结构体类型，即构成了结构体类型的嵌套定义。

例如：

struct date

{

　　int month;

　　int day;

　　int year;

};

struct stud

{

　　long num;

　　char name[20];

　　char sex;

　　struct date birthday;

　　float score;

};

上面代码定义了一个 date 结构体，包含月份、日期、年度 3 个成员；接着继续定义了 stud 结构体，其中的成员 birthday 的数据类型为刚定义的结构体类型 date。

### 3.6.2　结构体变量的定义

由于结构体是根据具体问题自行定义的类型，因此结构体类型变量的定义相比其他基本数据类型变量的定义，形式更加灵活，一般有以下三种定义方式。

1. 先声明结构体类型，再定义变量

定义的形式如下：

**struct 结构体名 变量名表；**

例如：struct student stu1，stu2；

上面语句在声明了 student 这个结构体类型基础上，定义了两个 student 结构体变量 stu1 和 stu2。

2. 声明结构体类型的同时定义变量

将结构体类型的声明和变量定义代码结合在一起，一般形式如下：

**struct 结构体名**

**{**

　　**成员列表**

**}变量名表；**

例如：

```
struct student
{
    long num;
    char name[20];
    char sex;
    float score;
}stu1,stu2;
```

上面代码中前面部分是 struct student 这个结构体的声明，大括号后直接给出该结构体对应的两个变量 stu1 和 stu2。

3. 直接定义结构体类型变量

一般形式如下：

**struct**

**{**

　　**成员列表**

**}变量名表；**

这是一种无名的结构体类型变量定义方式，在结构体声明中不给出结构体名，而是直接定义结构体的变量。这种方式中没有显示给出结构体名，所以除了形式中的变量名表外，不能再定义其他结构体变量。

例如：

```
struct
{
    long num;
    char name[20];
    char sex;
```

```
    float score;
}stu1,stu2;
```
上面代码表示定义了两个结构体变量 stu1 和 stu2，它们分别拥有 4 个成员。

### 3.6.3　结构体变量的引用

结构体变量在定义后可以直接引用，在引用时要注意以下几点。

#### 1. 引用的是结构体变量成员

结构体中各个成员的数据类型不一定相同，因此不能直接整体引用结构体变量，一般是引用结构体变量的成员。在没有结构体嵌套定义情况下，引用结构体变量成员的一般形式为：

**结构体变量名.成员名**

其中 "." 为结构体成员运算符，它的优先级别在所有运算符中为最高。这样引用的结构体成员相当于成员对应数据类型的一个普通变量。

例如上面结构中，stu1.num 相当于一个长整型变量，stu2.sex 相当于一个字符型变量，stu2.score 相当于一个浮点型变量。

#### 2. 结构体嵌套定义的引用

当有结构体嵌套定义时，通过变量引用结构体变量成员要连用多个成员运算符以访问到最底层成员（又叫作基本成员），只有基本成员才能直接存放数据，其一般形式为：

**结构体变量名.结构体成员名.…. 结构体成员名.基本成员名**

例如，定义前面声明的嵌套结构体类型的变量 stu_1，再通过变量访问基本成员：

```
struct stud stu_1;
stu_1.birthday.month
```

上述表示访问嵌套结构体变量 stu_1 的成员 birthday 的成员 month，相当于一个整型变量。

#### 3. 结构体变量的运算

对结构体变量的赋值只能通过对其成员进行赋值来实现，例外的是当两个结构体变量所有成员的类型都完全一致时，也可以在两个结构体变量之间进行整体赋值。结构体变量的成员可以像普通变量一样参与各种运算。例如：

```
stu1.num=36;
stu2= stu1;
stu1.score=89.6;
stu2.score= stu1.score*0.8+20;
```

#### 4. 结构体变量的输入输出

不能直接将一个结构体变量作为整体进行输入和输出，只能对变量的成员进行输入输出操作。例如：

```
scanf("%ld",& stu1.num);
printf ("%s",& stu1.name);
printf("%f",& stu2.score);
```

### 3.6.4　结构体变量的初始化

结构体类型和其他基本数据类型一样，可以在定义结构体变量时直接指定初始值，进行初始化操作。例如：

struct student stu1={110036, "Li Hua", 'F', 89.6};

上面语句定义了结构体 student 的变量 stu1，同时直接在变量后使用等号，再将其成员对应的值放在一对大括号里进行初始化。需要注意的是初始化数据必须与结构体变量的各成员顺序一一对应。若是嵌套的结构体变量，初始化仍然是对变量的各个基本成员赋初值。

例 3-19：通过结构体显示学生信息。

```
#include <stdio.h>
struct date
{
    int month;
    int day;
    int year;
};
struct stud
{
    long num;
    char name[20];
    char sex;
    struct date birthday;
    float score;
};
void main()
{
    struct stud stu_1={110036,"Li Hua",'F',{9,16,1997},89};
    printf("number:%ld\nname:%s\nsex:%c\nbirthday:%d/%d/%d\nscore:%f\n",
    stu_1.num,stu_1.name,stu_1.sex,stu_1.birthday.day,stu_1.birthday.month,
    stu_1.birthday.year,stu_1.score);
}
```

运行情况如图 3-26 所示。

图 3-26　运行结果

上述程序嵌套定义了结构体类型 stud，用 5 个成员来表示学生的基本信息。在主函数中定义了结构体变量 stu_1，并直接进行了初始化。最后将结构体变量 stu_1 的成员进行输出显示。

例 3-20：定义结构体表示汽车基本信息。

```c
#include <stdio.h>
#include <string.h>
struct Car
{
    char name[30];
    char color[10];
    float length;
    int seniority;
};
void main()
{
    struct Car a_car;
    strcpy(a_car.name, "特斯拉 Model X");
    strcpy(a_car.color, "黑色");
    a_car.length=5.04f;
    a_car.seniority=5;
    printf("品牌:%s\n",a_car.name);
    printf("颜色:%s\n",a_car.color);
    printf("车长:%f 米\n",a_car.length);
    printf("可承载%d 人\n",a_car.seniority);
}
```

运行情况如图 3-27 所示。

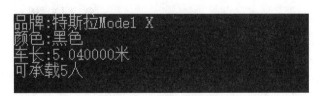

图 3-27　运行结果

上述程序先声明了一个结构体类型 Car，用了 4 个成员来描述汽车的参数。在主函数中定义了结构体变量 a_car，再通过 strcpy( ) 函数将汽车对应信息复制给结构体变量，最后将变量成员值输出显示。

## 习题

1. 什么是 C 语言？C 语言的特点是什么？

2. 为什么在单片机编程中使用 C 语言？

3. C 语言的变量有哪些？在单片机中常用的变量是哪些？

4. C 语言程序的结构有哪些？请写程序代码——举例说明。

5. 什么是数组？数组在单片机编程中如何使用？

6. 什么是结构体？结构体在单片机编程中如何使用？

# 第四章

## 显示器件
## 原理及应用

显示器件属于计算机的输出设备，也是人机交互的重要组件，可以显示相关信息来说明单片机系统的状态。单片机系统的显示器件通常有 LED 数码管、8×8 的点阵、字符点阵液晶 1602 等。

## 4.1 LED 数码管的显示原理及应用

### 4.1.1 LED 数码管的结构及编码

#### 1. LED 数码管的结构

LED 数码管（LED Segment Displays）是由多个发光二极管封装在一起组成"8"字形的器件，引线已在内部连接完成，只需引出它们的各个笔段、公共电极。数码管实际上是由 7 个发光管组成"8"字形构成的，加上小数点就是 8 个，这些段分别由字母 a、b、c、d、e、f、g、Dp 来表示，也称为 8 段数码管。LED 数码管外形及引脚分布如图 4-1 所示。

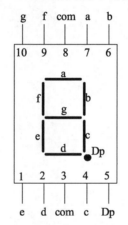
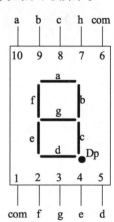

（a）数码管外形　　　　（b）共阴极数码管引脚分布　　（c）共阳极数码管引脚分布

图 4-1　数码管外形及引脚分布

根据 8 段数码管的公共端连接的是高电平还是低电平将 LED 数码管分为两大类：一类是共阴极接法，另一类是共阳极接法。共阴极就是 8 段的显示字码共用一个电源的负极，可以用高电平点亮对应的段；共阳极就是 8 段的显示字码共用一个电源的正极，可以用低电平点亮对应的段。可以通过控制其中各段 LED 的亮灭来显示相应的数字、字母或符号。共阴极与共阳极数码管的内部结构如图 4-2 所示。

单片机系统中还常使用 7 段数码管，它与 8 段数码管唯一不同的是没有小数点这一段，也就是没有 8 段数码管的 Dp 部分。

#### 2. 数码管的编码

要使数码管显示出相应的数字或字符，必须使数码管的各段输入与数字或字符对应的高低电平。为了方便单片机的控制，我们将单片机数据口输出的高低电平进行相应的字形编码。对照表 4-1，字形码各位定义为：数据线 D0 与 a 字段对应，D1 与 b 字段对应，依此类推。

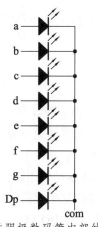
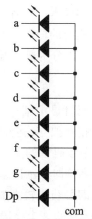

（a）共阴极数码管内部结构　　　　　　（b）共阳极数码管内部结构

图 4-2　数码管内部结构

表 4-1　8 段数码管与字节对应表

| 代码位 | D7 | D6 | D5 | D4 | D3 | D2 | D1 | D0 |
|---|---|---|---|---|---|---|---|---|
| 显示段 | Dp | g | f | e | d | c | b | a |

如使用共阳极数码管，数据为 0 表示对应字段亮，数据为 1 表示对应字段暗；如使用共阴极数码管，数据为 0 表示对应字段暗，数据为 1 表示对应字段亮。如要显示"0"，需要点亮 a、b、c、d、e、f 段的发光二极管，共阳极数码管需要给这些段输入低电平，g、Dp 段输入高电平，于是共阳极数码管显示"0"的字形编码应为：11000000B（即 C0H）；而共阴极数码管需要给这些段输入高电平，其他不显示的 g、Dp 段输入低电平，于是共阴极数码管显示"0"的字形编码应为：00111111B（即 3FH）。其他要显示的字符类推可以得到相应的编码。8段数码管显示字符的编码如表 4-2 所示。7 段数码管的编码与 8 段数码管类似。

表 4-2　8 段数码管部分段码表

| 显示字符 | 共阴极段码 | 共阳极段码 | 显示字符 | 共阴极段码 | 共阳极段码 |
|---|---|---|---|---|---|
| 0 | 3FH | C0H | 9 | 6FH | 90H |
| 1 | 06H | F9H | A | 77H | 88H |
| 2 | 5BH | A4H | B | 7CH | 83H |
| 3 | 4FH | B0H | C | 39H | C6H |
| 4 | 66H | 99H | D | 5EH | A1H |
| 5 | 6DH | 82H | E | 79H | 86H |
| 6 | 7DH | 82H | F | 71H | 8EH |
| 7 | 07H | F8H | 熄灭 | 00H | FFH |
| 8 | 7FH | 80H | | FFH | 00H |

## 4.1.2　LED 数码管显示方式

单片机系统可以像数字电路一样用硬件（加相应的硬件驱动芯片）来驱动数码管显示，

但为了控制方便与节约成本，单片机系统常采用软件的方式来驱动数码管。数码管要正常显示只需要单片机输出相应的段码，从而就可以让数码管显示出需要显示的字符。根据数码管的驱动方式不同，其可以分为静态显示方式和动态显示方式。

1. 静态显示方式

静态显示是指数码管显示某一字符时，相应的发光二极管恒定导通或恒定截止。这种显示方式的各位数码管相互独立，公共端恒定接地（共阴极）或接正电源（共阳极），其连接电路如图 4-3 所示。每个数码管的 8 个字段分别与单片机的一个 8 位 I/O 口地址相连，I/O 口只要有段码输出，相应字符即显示出来，并保持不变，直到 I/O 口输出新的段码。采用静态显示方式，用较小的电流即可获得较高的亮度，且占用 CPU 时间少，编程简单，便于监测和控制显示，但由于每个数码管的 8 个字段分别与单片机的一个 8 位 I/O 口地址相连，所以在需要多个数码管显示时占用的口线多，硬件电路复杂，成本高，只适合于显示位数较少的场合。

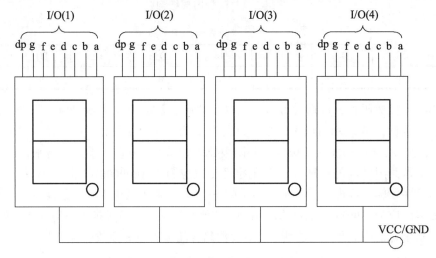

图 4-3　数码管的静态显示连接电路

2. 动态显示方式

动态显示是指一位一位地轮流点亮各位数码管，这种逐位点亮显示器的方式称为位扫描。通常将各位数码管的段选线相应并联在一起，由一个 8 位的 I/O 口控制，各位的位选线（公共阴极或阳极）由另外的 I/O 口线控制，其连接电路如图 4-4 所示。动态方式显示时，各数码管分时轮流选通，要使其稳定显示，必须采用扫描方式，即在某一时刻只选通一位数码管，并送出相应的段码，在另一时刻选通另一位数码管，并送出相应的段码。依此规律循环，即可使各位数码管显示需要显示的字符。虽然这些字符是在不同的时刻分别显示出来，但由于人眼存在视觉暂留现象以及发光二极管的余辉效应，只要每位显示间隔的时间足够短就可以给人以同时显示的感觉。一般每位数码管的点亮时间为 1～2 ms，数码管的位数越多，每位点亮的时间相对就较短。如果每位扫描的时间太长，就会看到数码管的各位显示的字符有明显的闪烁。

在使用多位数码管显示时，采用动态显示方式比较节省 I/O 口，硬件电路也较静态显示方式简单，但由于是分时显示各位数码管，其亮度不如静态显示方式，而且在显示位数较多时单片机要依次扫描，需要占用 CPU 的时间较多。

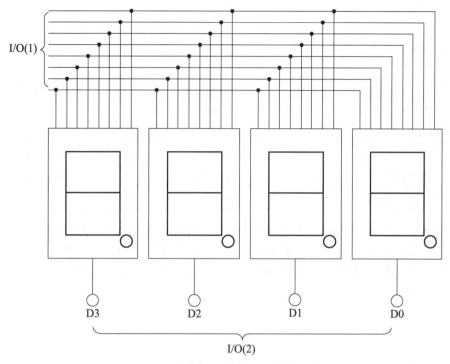

图 4-4　数码管的动态显示连接电路

### 4.1.3　LED 数码管显示应用

例 4-1：电路如图 4-5 所示，在数码管上间隔一段时间循环显示 0、1、2、3、4、5、6、7、8、9、A、b、C、d、E、F 十六个字符。元件清单如表 4-3 所示。

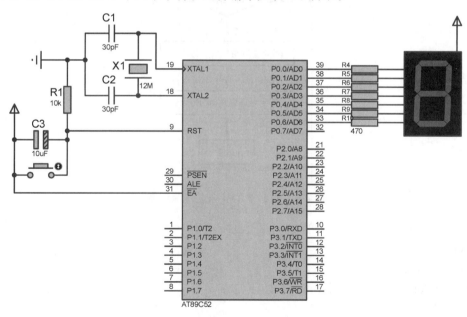

图 4-5　数码管的静态显示电路

表 4-3 元件清单

| 元件名称（编号） | 所属类 | 所属子类 |
|---|---|---|
| AT89C52 | Microprocessor ICs | 8051 Family |
| 7SEG-COM-ANODE | Optoelectronics | 7-Segment Displays |
| RES（R1、R4~R10） | Resistors | Generic |
| CAP（C1、C2） | Capacitors | Generic |
| CAP-ELEC（C3） | Capacitors | Generic |
| BUTTON | Switches and Relays | Switches |
| CRYSTAL（X1） | Miscellaneous | |

解：首先要确定数码管的类型，根据图 4-5 所示数码管，可以看出数码管公共端接的是电源，因此得出是共阳极数码管。要显示 0~F 字符就需要根据把表 4-2 中共阳极数码管的段码选出来，将其保存到一维数组中，方便调用。数码管的静态显示流程如图 4-6 所示，仿真结果如图 4-7~图 4-10 所示。

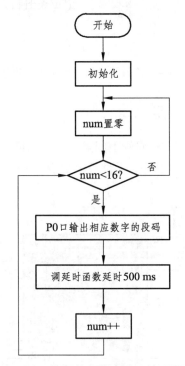

图 4-6 数码管的静态显示流程图

```
#include<reg51.h>
#define uint unsigned int
#define uchar unsigned char
void delay1ms(uint z)        //延时 1 ms 函数
{
    uint x,y;
    for(x=z;x>0;x--)
```

```
        for(y=120;y>0;y--);
}
void main(void)
 {
    uchar num;
    uchar code table[]={0xc0,0xf9,0xa4,0xb0,0x99,0x92,0x82,0xf8,0x80,0x90,0x88,0x83,0xc6,
    0xa1,0x86,0x8e}; // 共阳极数码管 0~9、A、b、c、d、E、F 的编码
    while(1)
    {
        for(num=0;num<16;num++)
        {
            P0=table[num];   //让 P0 口输出数字的段码
            delay1ms(500);       //调延时函数延时 500 ms
        }
    }
}
```

图 4-7　数码管显示 "6"

图 4-8　数码管显示 "A"

图 4-9　数码管显示 "b"

图 4-10　数码管显示 "d"

例 4-2：电路如图 4-11 所示，在 8 位数码管上显示 2018.10.23，元件清单如表 4-4 所示。

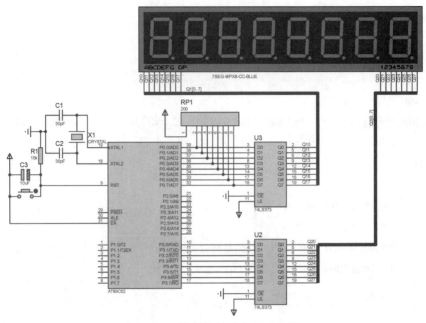

图 4-11　数码管的动态显示电路

表 4-4　元件清单

| 元件名称（编号） | 所属类 | 所属子类 |
|---|---|---|
| AT89C52 | Microprocessor ICs | 8051 Family |
| 7SEG-MPX8-CC-BLUE | Optoelectronics | 7-Segment Displays |
| RES（R1） | Resistors | Generic |
| CAP（C1、C2） | Capacitors | Generic |
| CAP-ELEC（C3） | Capacitors | Generic |
| BUTTON | Switches and Relays | Switches |
| CRYSTAL（X1） | Miscellaneous | |
| RESPACK-8（RP1） | Resistors | Resistors Packs |
| 74LS373（U1、U2） | TTL 74 LS Seriers | Flip-Flops&Latches |

解：由图 4-11 可以看出，电路用了两个 74LS373 锁存器分别控制 8 位数码管的段选控制端和位选控制端。根据数字电路的知识，74LS373 锁存器正常工作时，输入端输入相应的信号，输出端就得到相应的信号。U3 锁存器接在单片机的 P0 口上，U2 锁存器接在单片机的 P3 口上，因此属于单片机动态显示的连接方法，要用动态显示的方法来驱动这 8 位数码管。同时，由于 74LS373 锁存器可以承受较大的电流，所以可以较好地保护单片机的 I/O 口。本例有小数点的显示，而由于题目上每一位显示的数字是固定不变的，小数点的位置也是固定的，所以可以在段编码中直接加上小数点就行了。而实际过程中数码管显示的各位数都有可能在变化，因此先将要显示的数字转化到暂存数组中，小数点的显示根据在数码管中显示的位置来合理安排。从图 4-11 中电路的接法可以看出 8 段数码管为共阴极数码管。对于共阴极数码管，要点亮小数点，由于采用的是最高位来控制小数点的点亮，所以高位必须为高电平才能点亮，只需数字的编码"或"上 0x80 就能实现带小数点的数字显示。数码管的动态显示流程

如图 4-12 所示，仿真结果如图 4-13 所示。

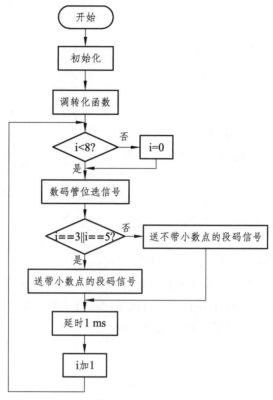

图 4-12　数码管的动态显示流程图

```
#include <reg51.h>
void delay1ms(unsigned char x)
{
    unsigned char k,l;
    for(k=x;k>0;k--)
        for(l=120;l>0;l--);
}
unsigned char code bit_tab[]={0xfe,0xfd,0xfb,0xf7,0xef,0xdf,0xbf,0x7f};//数码管的位控制码
unsigned char code seg_data[]={0x3f,0x06,0x5b,0x4f,0x66,0x6d,0x7d,0x07,0x7f,0x6f};//共阴极
0~9 的段码
unsigned char buff[8]={0x00}; //暂存要显示的数
void covn(void)        //转化要显示的 20181023 的函数
{
    buff[0]=2;
    buff[1]=0;
    buff[2]=1;
    buff[3]=8;
    buff[4]=1;
```

```
        buff[5]=0;
        buff[6]=2;
        buff[7]=3;
    }
void main()
{
        char i;
        P0=0xff;    //开始数码管不显示
        covn();     //调转化 20181023 的函数
        while(1)
        {
            for(i=0;i<8;i++)
            {
                P3=bit_tab[i];    //打开数码管相应的位
                if((i==3)||(i==5)) P0=seg_data[buff[i]]+0x80; //在 i 为 3 或 5 时带上小数点显示
                else    P0=seg_data[buff[i]];    //其他情况没有小数点显示
                delay1ms(1);    //调延时函数延时 1 ms
            }
        }
}
```

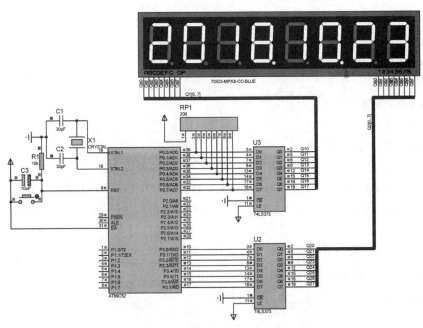

图 4-13    数码管的动态显示仿真图

例 4-3：电路如图 4-14 所示，用延时方式在数码管（共阴极）上实现显示 0.00 ~ 59.99 s 的秒表，要求每 10 ms 数码管的显示变化一次，秒的十位为 0 时不显示。元件清单如表 4-5 所示。

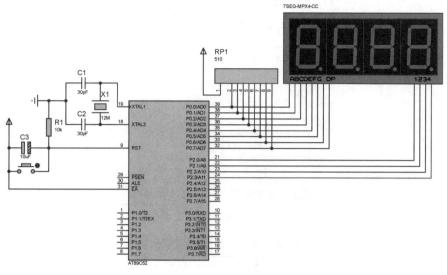

图 4-14　秒表显示电路

表 4-5　元件清单

| 元件名称（编号） | 所属类 | 所属子类 |
|---|---|---|
| AT89C52 | Microprocessor ICs | 8051 Family |
| 7SEG-MPX4-CC | Optoelectronics | 7-Segment Displays |
| RES（R1） | Resistors | Generic |
| CAP（C1、C2） | Capacitors | Generic |
| CAP-ELEC（C3） | Capacitors | Generic |
| BUTTON | Switches and Relays | Switches |
| CRYSTAL（X1） | Miscellaneous | |
| RESPACK-8（RP1） | Resistors | Resistors Packs |

解：该题与例 4-2 类似，但是数字每 10 ms 要变化一次，为了减少变量，我们只用一个计数器，每 10 ms 加一次值。由题可知，秒的十位为 0 时，这时高位的 0 不显示，也就是显示秒的十位上的数码管不显示，可以将共阴极数码管不显示的编码也放到数组中去。同时秒的个位的位置有小数点，在显示方法上可以借用例 4-2 的方法。秒表显示主流程如图 4-15 所示，仿真结果如图 4-16 所示。

```
#include<reg51.h>
#define uint unsigned int    //宏定义 uint 等同于 unsigned int
#define uchar unsigned char    //宏定义 uchar 等同于 unsigned char
uchar code
table[]={0x3f,0x06,0x5b,0x4f,0x66,0x6d,0x7d,0x07,0x7f,0x6f,0x77,0x7c,0x39,0x5e,0x79,0x71,0};
//共阴极数码管的 0~F 与不显示
uchar wei[]={0xfe,0xfd,0xfb,0xf7};    //位码
void delay1ms(uint z)    //延时 1ms
{
```

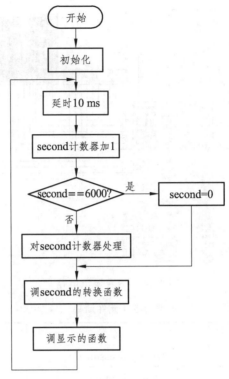

图 4-15 秒表显示主流程图

```
    uchar x,y;
    for(x=z;x>0;x--)
        for(y=120;y>0;y--);
}
uint second=0;
uchar buff[]={0,0,0,0};      //暂存秒表的各位
void covn(uint ert)    //时间转换函数
{
    if(ert<1000) buff[0]=16;    //秒的十位为 0 不显示
    else buff[0]=ert/1000;  //秒的十位不为 0 取秒的十位
    buff[1]=ert/100%10;     //取秒的个位
    buff[2]=ert/10%10;      //取 0.1 秒的位
    buff[3]=ert%10;         //取 0.01 秒的位
}
void display(void);
void main(void)
{
    P0=0,P2=0xff;
    while(1)
    {
```

```
        delay1ms(10);    //延时 10 ms
        second++;
        if(second==6000) second=0;    //如果为 60 s，second 清零
        covn(second);        //调用时间转换函数
        display();                //调用显示函数
    }
}
void display(void)    //显示函数
{
    char i;
    for(i=0;i<4;i++)
    {
        P2=wei[i];      //打开要显示的数码管的位
        if(i==1) P0=table[buff[i]]|0x80;    //如果是秒的个位要显示小数点
        else    P0=table[buff[i]];      //否则只显示段码
        delay1ms(2);                  //延时 2 ms
    }
}
```

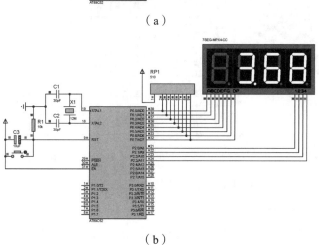

（a）

（b）

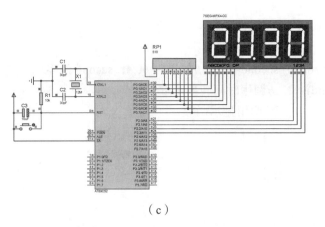

（c）

图 4-16　秒表显示仿真效果图

## 4.2　8×8 点阵显示原理及应用

### 4.2.1　8×8 点阵的显示原理

8×8 点阵的实际外观图如图 4-17（a）所示，一共由 64 个发光点构成，有上下两排引脚，每排 8 个，一共 16 个。有的点阵后面标有第一脚，有的没有标，现在大家习惯其跟 IC 的管脚顺序一样，读法是第一脚一般在侧面有字的那一面，字是正向时左边第一脚为 1，然后按逆时针排序至 16 脚。厂家所说 8×8 点阵的共阴或者共阳确切地说应该是行共阴或者行共阳，内部结构如图 4-17（b）、（c）所示。

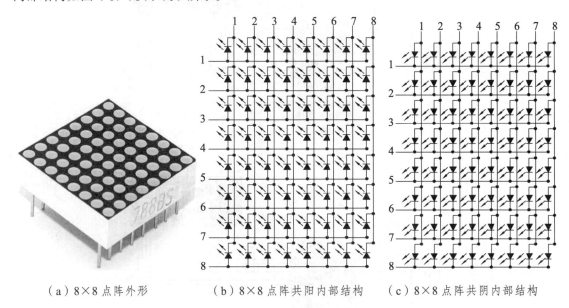

（a）8×8 点阵外形　　　（b）8×8 点阵共阳内部结构　　（c）8×8 点阵共阴内部结构

图 4-17　8×8 点阵外形及内部结构

点阵 LED 一般采用扫描方式显示，实际运用时主要有两种方式：行扫描方式和列扫描方式。使用行扫描和列扫描时，频率大于 16×8=128 Hz、周期小于 7.8 ms 即可符合视觉暂留要求。点阵 LED 的扫描方式有点类似于数码管的动态显示，行扫描方式就是先将某一行置高电平（或低电平），然后所有的列置低电平（或高电平）来点亮对应的 LED；列扫描方式就是先将某一列置低电平（或高电平），然后所有的行置高电平（或低电平）来点亮对应的 LED。对于共阳型的 8×8 点阵，当对应的某一行置高电平，某一列置低电平，则相应的二极管就亮；对于共阴型的 8×8 点阵，当对应的某一行置低电平，某一列置高电平，则相应的二极管就亮。此外，一次驱动一列或一行（8 颗 LED）时需外加驱动电路提高电流，否则电流太小会导致 LED 亮度不足。

### 4.2.2　8×8 点阵的字模代码

每一个字由 8 行 8 列的点阵组成显示时，可以把每一个点理解为一个像素，而把每一个字的字形理解为一幅图像。事实上，8×8 点阵不仅可以显示汉字，还可以显示在 64 像素范围内的任何图形，如图 4-18 与图 4-19 所示。当然也可以直接使用汉字库中的编码来点亮需要显示的汉字。

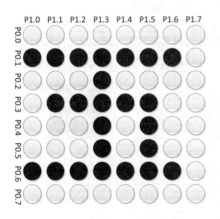

图 4-18　汉字"五"的点阵

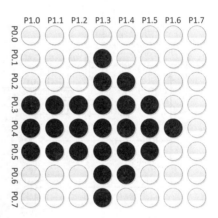

图 4-19　"→"的点阵

为了弄清楚汉字的点阵组成规律，我们先来通过列（竖柱）扫描方法获取汉字的代码。先将 8 行分成 4 位的上、下两部分，下为高 4 位，上为低 4 位，把发光的像素位编为 1（图 4-18 与图 4-19 中黑色的点），不发光的像素位编为 0（图 4-18 与图 4-19 中白色的点）。根据这个规律，图 4-18 中"五"的十六进制编码为：0x42，0x4A，0x4A，0x7E，0x4A，0x7A，0x42，0x00。然后，我们还可通过行（横柱）扫描方法来获取汉字的代码。先将 8 列分成 4 位的左、右两部分，右为高 4 位，左为低 4 位，把发光的像素位编为 1，不发光的像素位编为 0，根据这个规律，图 4-19 中"→"的编码为：0x00，0x08，0x18，0x3f，0x7f，0x3f，0x18，0x08。

### 4.2.3　8×8 点阵显示应用

例 4-4：在 8×8 点阵上显示"王"字符，电路如图 4-20 所示，元件清单如表 4-6 所示。

解：根据点阵扫描显示原理，可以知道点阵的显示类似于前面的数码管动态显示，数码管的段码对应于点阵的行，数码管的位码对应于点阵的列。74HC573 锁存器与 74LS373 锁存器的功能基本一样，使用方法相同。可以自定义画出点阵显示"王"的图形，如图 4-21 所示。

对于行共阳点阵，列为低电平、行为高电平点亮相应发光二极管，把发光的像素位编为1，不发光的像素位编为0，根据列扫描方式编码原理，于是得到代码为：0x82，0x92，0x92，0xfe，0x92，0x92，0x82，0x00；根据行扫描方式编码原理，于是得到代码为：0x00，0x7f，0x08，0x08，0x3e，0x08，0x08，0x7f（此时要点亮相应的LED，必须对前面的编码要逐位取反）。图4-20中选用的点阵为共阴型，对于共阴点阵，行为低电平、列为高电平才能点亮相应的LED。根据行扫描方式编码原理，黑色圆点为点亮的LED，由于列信号为高电平才能点亮，所以把发光LED的像素编为1，得到的代码为：0x00，0x7f，0x08，0x08，0x3e，0x08，0x08，0x7f。根据列扫描方式编码原理，黑色圆点为点亮的LED，由于行信号为低电平才能点亮，所以把发光LED的像素编为0，得到的代码为：0x7d，0x6d，0x6d，0x01，0x6d，0x6d，0x7d，0xff，若此时仍把发光LED（黑色部分）的像素编为1，得到的代码为：0x82，0x92，0x92，0xfe，0x92，0x92，0x82，0x00，相当于对前面的每个代码进行逐位取反（编程时要对得到的代码依次取反才能点亮相应的LED）。汉字点阵显示流程如图4-22所示，仿真结果如图4-23与图4-24所示。

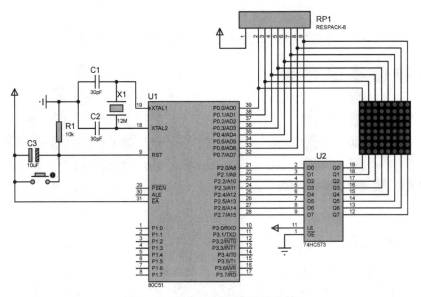

图 4-20　汉字王的点阵显示电路

表 4-6　元件清单

| 元件名称（编号） | 所属类 | 所属子类 |
| --- | --- | --- |
| 80C51 | Microprocessor ICs | 8051 Family |
| MATRIX-8×8-RED | Optoelectronics | Dot Matrix Display |
| RES（R1） | Resistors | Generic |
| CAP（C1、C2） | Capacitors | Generic |
| CAP-ELEC（C3） | Capacitors | Generic |
| BUTTON | Switches and Relays | Switches |
| CRYSTAL（X1） | Miscellaneous | |
| RESPACK-8（RP1） | Resistors | Resistors Packs |
| 74HC573（U2） | TTL 74HC Seriers | Flip-Flops&Latches |

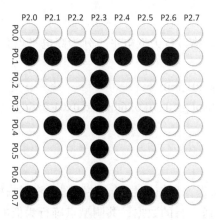

图 4-21 汉字"王"的点阵

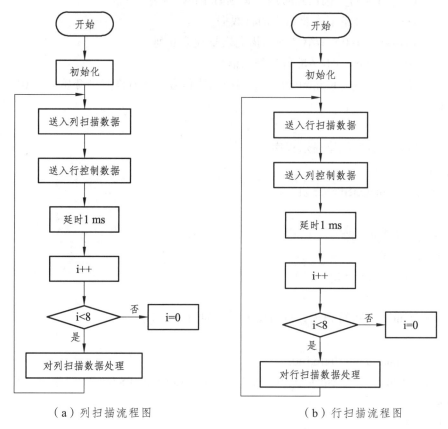

（a）列扫描流程图　　　（b）行扫描流程图

图 4-22 汉字"王"的点阵显示流程图

方法一，列扫描方式编码显示程序：

```c
#include <reg51.h>
void delay1ms(unsigned char z)
{
    unsigned char x,y;
    for(x=z;x>0;x--)
        for(y=120;y>0;y--);
```

```
}
void main(void)    //逐列扫描，行为低电平、列为高电平点亮
  {
      unsigned char temp=0x01,i=0;
      unsigned char code disp[]={0x7d,0x6d,0x6d,0x01,0x6d,0x6d,0x7d,0xff};//"王"字列扫
//描编码
      while(1)
       {
           P0=temp;       //送入列扫描数据，共阴型点阵列扫描时要为高电平
           P2=disp[i];    //送入行的数据，共阴型点阵行为低电平点亮
           delay1ms(1); //调用延时函数，延时 1 ms
           i++;      //准备下次要送入的行数据
           if(i==8)   i=0; //第 7 列扫描完恢复到第 0 列
           temp=temp<<1;  //准备列扫描信号
           if(temp==0)   temp=0x01;   //当列扫描信号为 0 时恢复到开始的 0x01
       }
  }
```

方法二，行扫描方式编码显示程序：

```
#include <reg51.h>
void delay1ms(unsigned char z)
{
      unsigned char x,y;
      for(x=z;x>0;x--)
           for(y=120;y>0;y--);
}
void main(void)    //逐行扫描，行为低电平、列为高电平点亮
  {
      unsigned char temp=0xfe,i=0;
      unsigned char code disp[]={0x00,0x7f,0x08,0x08,0x3e,0x08,0x08,0x7f};//"王"字行扫
描编码
      while(1)
       {
           P2=temp;   //行扫描，低电平有效
           P0=disp[i];    //列为送入的数据，高电平点亮
           delay1ms(1);   //调用延时函数，延时 1 ms
           i++;    //准备下次要送入的列数据
           if(i==8)   i=0;  //第 7 行扫描完恢复到第 0 行
           temp=(temp<<1)|0x01;   //准备行扫描信号
           if(temp==0xff)   temp=0xfe; //当扫描信号为 0xff 时恢复到开始的 0xfe
```

```
        }
    }
```

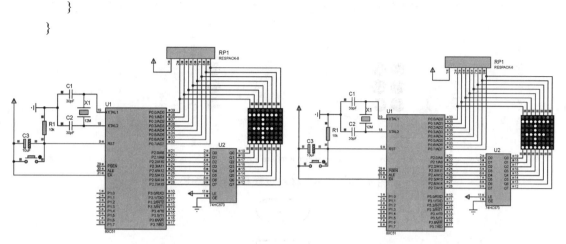

图 4-23 汉字"王"的点阵列扫描方式仿真结果图　　图 4-24 汉字"王"的点阵行扫描方式仿真结果

例 4-5：在 8×8 点阵上显示"→"字符，其点阵图如图 4-19 所示，让其从图上的位置向右移动出点阵，如此循环。电路如图 4-20 所示，元件清单如表 4-6 所示。

解：要使"→"字符从图 4-19 的位置向右移动出点阵，需要弄清"→"在点阵上是如何移动的。其移动过程和行扫描代码如图 4-25 所示。从图 4-25 中可以看出，一共由 9 幅图构成其移动过程，每幅图的图形由行扫描 8 次实现，编程时把由 9 幅图构成其移动过程可以看成 9 个动作，每个动作由 8 次扫描形成，共形成 72 个编码。将所有编码一一执行一遍就能实现要表现的动作，其流程如图 4-26 所示，仿真结果如图 4-27 所示。

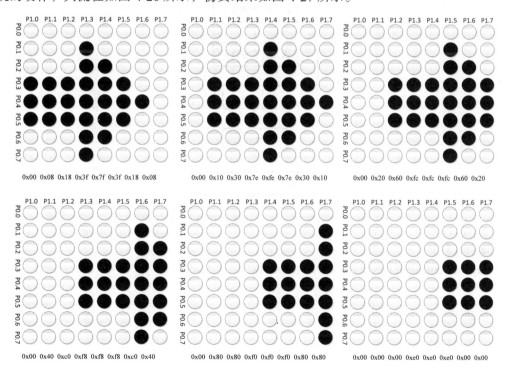

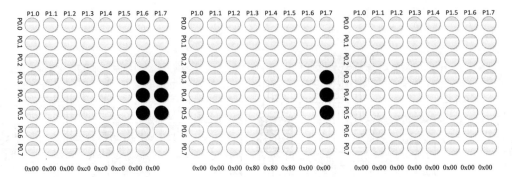

图 4-25 "→"移动过程和行扫描编码

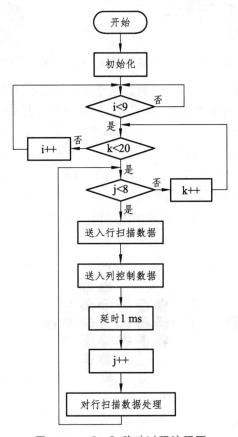

图 4-26 "→"移动过程流程图

```
#include <reg51.h>
void delay1ms(unsigned char z)    //延时 1 ms 函数
{
    unsigned char x,y;
    for(x=z;x>0;x--)
        for(y=120;y>0;y--);
}
void main(void)    //逐行扫描，行为低电平、列为高电平点亮
```

```
{
    unsigned char temp,i,j,k;
    unsigned char code disp[9][8]={{0x00, 0x08,0x18,0x3f,0x7f,0x3f,0x18,0x08},{0x00,0x10,
0x30,0x7e,0xfe,0x7e,0x30,0x10},{0x00,0x20,0x60,0xfc,0xfc,0xfc,0x60,0x20},{0x00,0x40,0xc0,
0xf8,0xf8,0xf8,0xc0,0x40},{0x00,0x80,0x80,0xf0,0xf0,0xf0,0x80,0x80},{0x00,0x00,0x00,0xe0,
0xe0, 0xe0,0x00,0x00},{0x00,0x00,0x00,0xc0,0xc0,0xc0,0x00,0x00},{0x00,0x00,0x00,0x80,0x80,
0x80,0x00,0x00},{0x00,0x00,0x00,0x00,0x00,0x00,0x00,0x00}};   //→平移出的编码
    while(1)
    {
        temp=0xfe;
        for(i=0;i<9;i++)    //共执行 9 个动作
            for(k=0;k<20;k++)   //每个动作重复 20 次，方便观看移动效果
            for(j=0;j<8;j++)    //每个动作行扫描 8 次
            {
                P2=temp;    //行扫描，低电平有效
                P0=disp[i][j];  //列为送入的数据，高电平点亮
                delay1ms(1);    //调延时函数，延时 1 ms
                temp=(temp<<1)|0x01;    //准备行扫描信号
                if(temp==0xff)    temp=0xfe;    //当列扫描信号为 0 时恢复到开始的 0x01
            }
    }
}
```

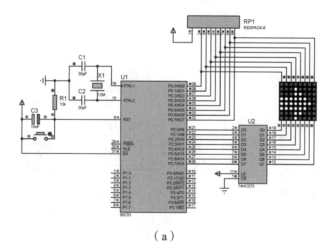

（a）
```
```

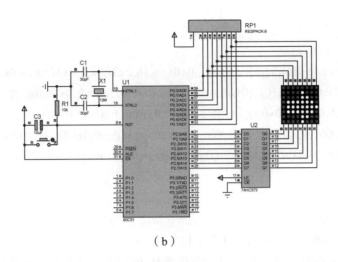

（b）

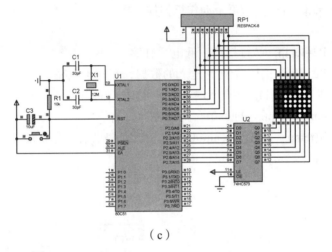

（c）

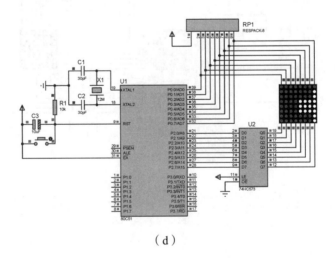

（d）

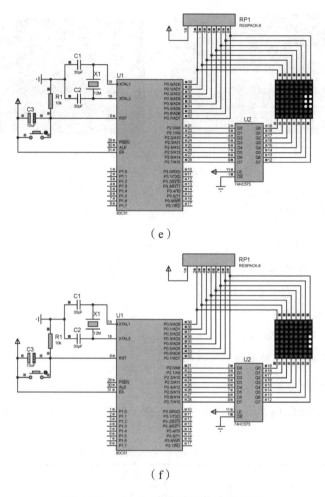

（e）

（f）

图 4-27　"→"移动过程仿真结果图

## 4.3　LCD1602 显示原理及应用

液晶显示器（LCD）利用液晶经过处理后能改变光线的传输方向的特性实现显示信息。液晶显示器按其功能可分为三类：笔段式液晶显示器、字符点阵式液晶显示器和图形点阵式液晶显示器。前两种可显示数字、字符和符号等，而图形点阵式液晶显示器还可以显示汉字和任意图形，达到图文并茂的效果。LCD1602 属于字符点阵式液晶显示器，一般只能显示ASCⅡ字符。

市面上各种形式的液晶通常是按照显示字符的行数或液晶点阵的行、列数来命名的。比如 1602 是指每行显示 16 个字符，最多可以显示两行。

LCD1602 液晶显示器是广泛使用的一种字符型液晶显示模块。它是由字符型液晶显示屏（LCD）、控制驱动主电路 HD44780 及其扩展驱动电路 HD44100，以及少量电阻、电容元件和结构件等装配在 PCB 板上而组成。不同厂家生产的 LCD1602 芯片可能有所不同，但使用方法都是一样的。市面上使用的 LCD1602 多为并行操作方式，其实物正反面如图 4-28 所示。

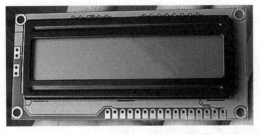

（a） （b）

图 4-28 LCD1602 实物正反面图

### 4.3.1 LCD1602 显示原理

**1. LCD1602 主要技术参数**

显示容量：16×2 个字符；

芯片工作电压：4.5 ~ 5.5 V；

工作电流：2.0 mA（5.0 V）；

模块最佳的工作电压：5.0 V；

字符尺寸：2.95 mm×4.35 mm（宽×高）。

**2. LCD1602 引脚功能**

LCD1602 采用标准的 14 脚（无背光）或 16 脚（带背光）接口，各引脚接口说明如表 4-7 所示。

表 4-7　LCD1602 各引脚接口说明

| 编号 | 符号 | 引脚说明 | 编号 | 符号 | 引脚说明 |
|---|---|---|---|---|---|
| 1 | VSS | 电源地 | 9 | D2 | 数据 |
| 2 | VDD | 电源正极 | 10 | D3 | 数据 |
| 3 | VL | 液晶显示偏压 | 11 | D4 | 数据 |
| 4 | RS | 数据/命令选择 | 12 | D5 | 数据 |
| 5 | R/W | 读/写选择 | 13 | D6 | 数据 |
| 6 | E | 使能信号 | 14 | D7 | 数据 |
| 7 | D0 | 数据 | 15 | BLA | 背光源正极 |
| 8 | D1 | 数据 | 16 | BLK | 背光源负极 |

第 1 脚：VSS 为电源地。

第 2 脚：VDD 接+5 V 电源。

第 3 脚：VL 为液晶显示对比度调整端，接正电源时对比度最弱，接地时对比度最强，使用时可以通过一个 10 kΩ 的电位器调整对比度。

第 4 脚：RS 为数据/命令选择端，高电平时选择数据寄存器，低电平时选择指令寄存器。

第 5 脚：R/W 为读/写选择端，高电平时进行读操作，低电平时进行写操作。

第 6 脚：E 端为使能端，当 E 端由高电平跳变成低电平时，液晶模块执行命令。

第 7 ~ 14 脚：D0 ~ D7，为 8 位双向数据线。

第 15 脚：背光源正极。

第 16 脚：背光源负极。

**3. RAM 地址映射图**

控制器内部带有 80 字节的 RAM 缓冲区，对应关系如图 4-29 所示。向图 4-29 中的 00H ~ 0FH、40H ~ 4FH 地址中的任意处写显示数据时，液晶都可以显示出来；但写入到 10H ~ 27H 或 50H ~ 67H 地址处时，必须通过移屏指令将它们移入可显示区域才能正常显示。在实际操作中向 LCD1602 写入地址时，第一行第一列写入的显示地址应该为 00H+80H，第二行第一列写入的显示地址应该为 40H+80H。

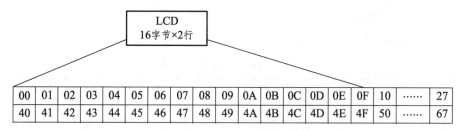

图 4-29　LCD1602 地址对应关系

HD44780 内藏的字符发生存储器（ROM）已经存储了 160 个不同的点阵字符图形。这些字符有阿拉伯数字、英文字母的大小写、常用的符号等，每一个字符都有一个固定的代码。比如数字"1"的代码是 00110001B（31H），又如大写的英文字母"A"的代码是 01000001B（41H），可以看出英文字母的代码与 ASCII 编码相同。要显示"1"时，我们只需将 ASCII 码 31H 存入 DDRAM 指定位置，显示模块将在相应的位置把数字"1"的点阵字符图形显示出来。

**4. LCD1602 的指令**

1602 液晶模块内部的控制器共有 11 条指令。

1）清屏命令

清屏命令格式如表 4-8 所示。

表 4-8　清屏命令格式

| RS | R/W | D7 | D6 | D5 | D4 | D3 | D2 | D1 | D0 |
|----|-----|----|----|----|----|----|----|----|----|
| 0 | 0 | 0 | 0 | 0 | 0 | 0 | 0 | 0 | 1 |

功能：清除屏幕，将显示缓冲区 DDRAM 的内容全部写入空格（ASCII 20H）；光标复位，回到显示器的左上角；地址计数器 AC 清零。

2）光标复位命令

光标复位命令格式如表 4-9 所示。

表 4-9　光标复位命令格式

| RS | R/W | D7 | D6 | D5 | D4 | D3 | D2 | D1 | D0 |
|----|-----|----|----|----|----|----|----|----|----|
| 0 | 0 | 0 | 0 | 0 | 0 | 0 | 0 | 1 | * |

功能：地址计数器 AC 清零，光标和画面回到初始位置（Home）。

3）输入方式设置命令

输入方式设置命令格式如表 4-10 所示。

表 4-10　输入方式设置命令格式

| RS | R/W | D7 | D6 | D5 | D4 | D3 | D2 | D1 | D0 |
| --- | --- | --- | --- | --- | --- | --- | --- | --- | --- |
| 0 | 0 | 0 | 0 | 0 | 0 | 0 | 1 | I/D | S |

功能：设置光标、画面的移动方式。

当 I/D=1 时，光标从左向右移动；I/D=0 时，光标从右向左移动。

当 S=1 时，画面移动；S=0 时，画面不移动。

4）显示开关控制命令

显示开关控制命令格式如表 4-11 所示。

表 4-11　显示开关控制命令格式

| RS | R/W | D7 | D6 | D5 | D4 | D3 | D2 | D1 | D0 |
| --- | --- | --- | --- | --- | --- | --- | --- | --- | --- |
| 0 | 0 | 0 | 0 | 0 | 0 | 1 | D | C | B |

功能：设置显示、光标及闪烁开、关。

D 表示显示开关：当 D=1 时显示开，D=0 时不显示。

C 表示光标开关：当 C=1 时光标显示，C=0 时光标不显示。

B 表示字符是否闪烁：当 B=1 时字符闪烁，B=0 时字符不闪烁。

5）光标、画面位移命令

光标、画面位移命令格式如表 4-12 所示。

表 4-12　光标、画面位移命令格式

| RS | R/W | D7 | D6 | D5 | D4 | D3 | D2 | D1 | D0 |
| --- | --- | --- | --- | --- | --- | --- | --- | --- | --- |
| 0 | 0 | 0 | 0 | 0 | 1 | S/C | R/L | * | * |

功能：移动光标或整个显示字幕移位。

当 S/C=1 时整个显示字幕移位，S/C=0 时只光标移位。

当 R/L=1 时光标右移，R/L=0 时光标左移。

6）功能设置命令

功能设置命令格式如表 4-13 所示。

表 4-13　功能设置命令格式

| RS | R/W | D7 | D6 | D5 | D4 | D3 | D2 | D1 | D0 |
| --- | --- | --- | --- | --- | --- | --- | --- | --- | --- |
| 0 | 0 | 0 | 0 | 1 | DL | .N | F | * | * |

功能：工作方式设置（初始化指令）。

DL 设置数据位数：DL=1 时数据位为 8 位，DL=0 时数据位为 4 位。

N 设置显示行数：N=1 时双行显示，N=0 时单行显示。

F 设置字形大小：F=1 时为 5×10 点阵，F=0 时为 5×7 点阵。

7）设置字库 CGRAM 地址命令

设置字库 CGRAM 地址命令格式如表 4-14 所示。

表 4-14　功能设置命令格式

| RS | R/W | D7 | D6 | D5 | D4 | D3 | D2 | D1 | D0 |
|---|---|---|---|---|---|---|---|---|---|
| 0 | 0 | 0 | 1 | A5 | A4 | A3 | A2 | A1 | A0 |

功能:设置用户自定义 CGRAM 的地址,对用户自定义 CGRAM 访问时,要先设定 CGRAM 的地址,地址范围为 00H ~ 3FH。

8）显示缓冲区 DDRAM 地址设置命令

显示缓冲区 DDRAM 地址设置命令格式如表 4-15 所示。

表 4-15　显示缓冲区 DDRAM 地址设置命令格式

| RS | R/W | D7 | D6 | D5 | D4 | D3 | D2 | D1 | D0 |
|---|---|---|---|---|---|---|---|---|---|
| 0 | 0 | 1 | A6 | A5 | A4 | A3 | A2 | A1 | A0 |

功能：设置当前显示缓冲区 DDRAM 的地址,对 DDRAM 访问时,要先设定 DDRAM 的地址。N=0 时,一行显示的地址范围为 00H ~ 4FH;N=1 时,首行显示的地址范围为 00H ~ 2FH,第二行显示的地址范围为 40H ~ 67H。

9）读忙标志 BF 及地址计数器 AC 命令

读忙标志 BF 及地址计数器 AC 命令格式如表 4-16 所示。

表 4-16　读忙标志 BF 及地址计数器 AC 命令格式

| RS | R/W | D7 | D6 | D5 | D4 | D3 | D2 | D1 | D0 |
|---|---|---|---|---|---|---|---|---|---|
| 0 | 1 | BF | A6 | A5 | A4 | A3 | A2 | A1 | A0 |

功能：读忙标志及地址计数器 AC。

当 BF=1 时则表示忙,这时不能接收命令和数据；BF=0 时表示不忙,此时 AC 值意义为最近一次的地址设置（CGRAM 或 DDRAM）定义。

BF 的功能是告诉单片机 LCD 内部是否正忙着处理数据。BF=1 时表示 LCD 内部正在处理数据,不接收单片机送来的指令或数据。LCD 设置 BF 的原因是单片机处理一个指令的时间很短,只需几微秒左右,而 LCD 得花上 40 μs ~ 1.64 ms 的时间,所以单片机要写数据或指令到 LCD 之前,必须先查看 BF 是否为 0。

10）写 DDRAM 或 CGRAM 命令

写 DDRAM 或 CGRAM 命令格式如表 4-17 所示。

表 4-17　写 DDRAM 或 CGRAM 命令格式

| RS | R/W | D7 | D6 | D5 | D4 | D3 | D2 | D1 | D0 |
|---|---|---|---|---|---|---|---|---|---|
| 1 | 0 | BF | A6 | A5 | A4 | A3 | A2 | A1 | A0 |

功能：向 DDRAM 或 CGRAM 当前位置中写入数据。对 DDRAM 或 CGRAM 写入数据之前须设定 DDRAM 或 CGRAM 的地址。

11）读 DDRAM 或 CGRAM 命令

读 DDRAM 或 CGRAM 命令格式如表 4-18 所示。

表 4-18　读 DDRAM 或 CGRAM 命令格式

| RS | R/W | D7 | D6 | D5 | D4 | D3 | D2 | D1 | D0 |
|---|---|---|---|---|---|---|---|---|---|
| 1 | 1 | BF | A6 | A5 | A4 | A3 | A2 | A1 | A0 |

功能：从 DDRAM 或 CGRAM 当前位置中读取数据。当从 DDRAM 或 CGRAM 读出数据时，须先设定 DDRAM 或 CGRAM 的地址。

5. LCD1602 的时序

1602 的基本操作时序如表 4-19 所示。

表 4-19 1602 基本操作时序

| 读状态 | 输入 | RS=L，R/W=H，E=H | 输出 | D0 ~ D7=状态字 |
|---|---|---|---|---|
| 写指令 | 输入 | RS=L，R/W=L，D0 ~ D7=指令码，E=高脉冲 | 输出 | 无 |
| 读数据 | 输入 | RS=H，R/W=H，E=H | 输出 | D0 ~ D7=数据 |
| 写数据 | 输入 | RS=H，R/W=L，D0 ~ D7=数据，E=高脉冲 | 输出 | 无 |

1602 写操作和读操作时序如图 4-30 和图 4-31 所示。通过 RS 确定是读写数据还是命令，通过 R/W 确定是写操作还是读操作。在 E 为高脉冲期间完成从液晶读操作或向液晶写操作。操作时间参数如表 4-20 所示。

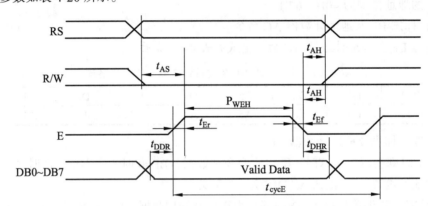

图 4-30 液晶 1602 写操作时序

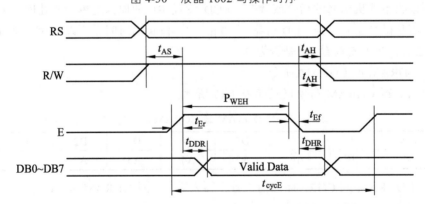

图 4-31 液晶 1602 读操作时序

表 4-20 液晶 1602 操作时间参数表

| 时间参数 | 符号 | 最小值 | 最大值 | 单位 |
|---|---|---|---|---|
| 使能周期 | $t_{cycE}$ | 1000 | – | ns |
| 使能脉冲宽度 | $P_{WEH}$ | 450 | – | ns |

| 时间参数 | 符号 | 最小值 | 最大值 | 单位 |
|---|---|---|---|---|
| 使能升降时间 | $t_{Er}$、$t_{Ef}$ | – | 25 | ns |
| 地址建立时间 | $t_{AS}$ | 140 | – | ns |
| 地址保持时间 | $t_{AH}$ | 10 | – | ns |
| 数据延迟时间 | $t_{DDR}$ | – | 320 | ns |
| 数据保持时间 | $t_{DHR}$ | 10 | – | ns |

6. 1602 字符型 LCD 的初始化过程

延时 15 ms，写指令 38H（可不检测忙信号）；

延时 5 ms，写指令 38H（可不检测忙信号）；

延时 5 ms，写指令 38H（可不检测忙信号）；

以后每次写指令、读/写数据操作均需要检测忙信号；

写指令 38H：显示模式设置；

写指令 08H：显示关闭；

写指令 01H：显示清屏；

写指令 06H：显示光标移动设置；

写指令 0CH：显示开及光标设置。

7. 单片机与 LCD1602 的连接电路

单片机与 LCD1602 相连时，D0～D7 连接单片机的一个 8 位 I/O 口，RS、RW、E 连接单片机的其他 I/O 口，电路如图 4-32 所示。

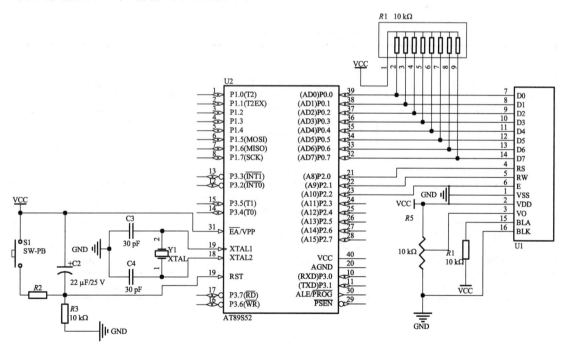

图 4-32　单片机与液晶 1602 的连接电路

### 4.3.2 LCD1602 应用

例 4-6：电路如图 4-33 所示，在 LCD1602 第一行显示"Hello，Welcome"，第二行显示"51 MCU World!"，并以一个个字符飞入的方式显示，当第二行显示完就停止。元件清单如表 4-21 所示。

解：该例主要是用单片机来驱动液晶 1602 的显示。要实现字符一个个飞入的效果，可以在写入一个字符之后延时一段时间再写入另一个字符，这样就产生飞入的效果。流程如图 4-34 所示，仿真效果如图 4-35 所示。

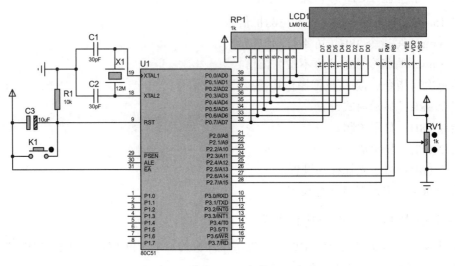

图 4-33  液晶 1602 字符飞入电路

表 4-21  元件清单

| 元件名称（编号） | 所属类 | 所属子类 |
| --- | --- | --- |
| 80C51 | Microprocessor ICs | 8051 Family |
| LM016L（LCD1） | Optoelectronics | Alphanumeric LCDs |
| RES（R1） | Resistors | Generic |
| CAP（C1、C2） | Capacitors | Generic |
| CAP-ELEC（C3） | Capacitors | Generic |
| BUTTON（K1） | Switches and Relays | Switches |
| CRYSTAL（X1） | Miscellaneous | |
| RESPACK-8（RP1） | Resistors | Resistors Packs |
| POT-HG（RV1） | Resistors | Variable |

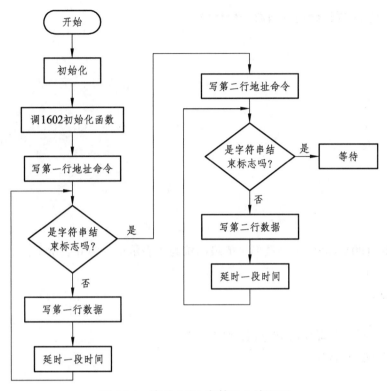

图 4-34　液晶 1602 字符飞入流程图

```c
#include <reg51.h>
#include <intrins.h> //包含_nop_() 函数
#define uchar unsigned char
#define uint    unsigned int
sbit    LCD_RS=P2^6;
sbit    LCD_RW=P2^5 ;
sbit    LCD_EN=P2^7;
void Delay1ms(uint xms)       ;
bit lcd_busy();
void lcd_wcmd(uchar cmd);
void lcd_wdat(uchar dat) ;
void lcd_clr()    ;
void lcd_init() ;
/********以下是延时函数********/
void Delay1ms(uint xms)
{
    uint i,j;
    for(i=xms;i>0;i--)              //i=xms 即延时约 xms 毫秒
        for(j=110;j>0;j--);
}
```

```
/********以下是 LCD 忙碌检查函数********/
bit lcd_busy()
{
    bit result;
    LCD_RS = 0;
    LCD_RW = 1;
    LCD_EN = 1;
    _nop_();
    _nop_();
    _nop_();
    _nop_();
    result = (bit)(P0&0x80);     //读回来的最高位为 1 表示忙，为 0 表示不忙
    LCD_EN = 0;
    return result;
}
/********以下是写指令寄存器 IR 函数********/
void lcd_wcmd(uchar cmd)
{
    while(lcd_busy());
    LCD_RS = 0;
    LCD_RW = 0;
    LCD_EN = 0;
    _nop_();
    _nop_();
    P0 = cmd;
    _nop_();
    _nop_();
    _nop_();
    _nop_();
    LCD_EN = 1;
    _nop_();
    _nop_();
    _nop_();
    _nop_();
    LCD_EN = 0;
}
/********以下是写寄存器 DR 函数********/
void lcd_wdat(uchar dat)
{
```

```
    while(lcd_busy());
    LCD_RS = 1;
    LCD_RW = 0;
    LCD_EN = 0;
    P0 = dat;
    _nop_();
    _nop_();
    _nop_();
    _nop_();
    LCD_EN = 1;
    _nop_();
    _nop_();
    _nop_();
    _nop_();
    LCD_EN = 0;
}
/********以下是 LCD 清屏函数********/
void lcd_clr()
{
    lcd_wcmd(0x01);              //清除 LCD 的显示内容
    Delay1ms(5);
}

/********以下是 LCD 初始化函数********/
void lcd_init()
{
    Delay1ms(15);               //等待 LCD 电源稳定
    lcd_wcmd(0x38);             //16*2 显示，5*7 点阵，8 位数据
    Delay1ms(5);
    lcd_wcmd(0x38);
    Delay1ms(5);
    lcd_wcmd(0x38);
    Delay1ms(5);

    lcd_wcmd(0x0c);             //显示开、关光标
    Delay1ms(5);
    lcd_wcmd(0x06);             //移动光标
    Delay1ms(5);
    lcd_wcmd(0x01);             //清除 LCD 的显示内容
```

```
        Delay1ms(5);
}
uchar code line1[]={"Hello,Welcome"};
uchar code line2[]={"51 MCU World!"};
void main()
{
        uchar i=0;
        lcd_init();
        lcd_wcmd(0x02|0x80);    //从第一行第二列开始写
        while(line1[i]!='\0')
        {
                lcd_wdat(line1[i]);    //写入第一行的字符
                Delay1ms(200);    //延时的时间越长，飞入的效果越明显
                i++;
        }
        i=0;
        lcd_wcmd(0x42|0x80);    //从第二行第二列开始写
        while(line2[i]!='\0')
        {
                lcd_wdat(line2[i]);    //写入第二行的字符
                Delay1ms(200);
                i++;
        }
        while(1);    //写完等待
}
```

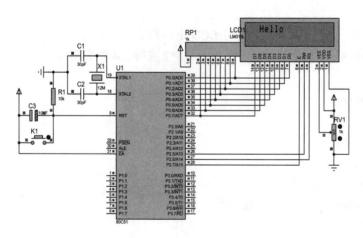

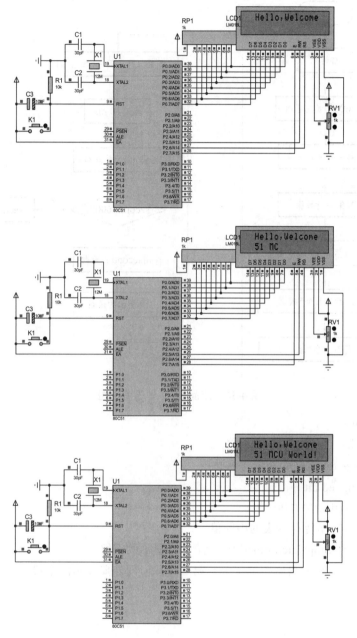

图 4-35　液晶 1602 字符飞入仿真结果图

例 4-7：电路如图 4-36 所示，用延时方式在 LCD1602 上实现显示 0.00～59.99 s 的秒表，第一行显示"Stopwatch timer"，第二行开始显示"***** 0.00*****"，要求每 10 ms 显示变化一次。元件清单如表 4-21 所示。

解：题中的第一行的字符与第二行的*字符在显示中是永远不变的，可以在大循环前（while（1））利用液晶的相关命令显示出来；第二行中间的时间是一直在变的，要根据变化来显示，所以要放在大循环中间，保证数据改变时液晶能正常显示变化值，流程如图 4-36 所示，仿真结果如图 4-37 所示。

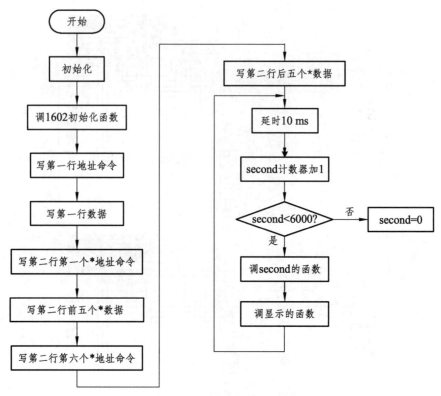

图 4-36    液晶 1602 秒表流程图

```
#include <reg51.h>
#include <intrins.h> //包含_nop_() 函数
#define uchar unsigned char
#define uint    unsigned int
uint second=0;      //开始为 0.00 秒
uchar buff[5]={0x30}; //暂存秒表的中间值
uchar code line1[]={"Stopwatch timer"};    //第一行显示的字符
uchar code line2[]={"*****"};               //第二行除时间外要显示的字符
sbit    LCD_RS=P2^6;
sbit    LCD_RW=P2^5 ;
sbit    LCD_EN=P2^7;
void Delay_ms(uint xms);        //声明延时函数
bit lcd_busy();                 //声明液晶忙函数
void lcd_wcmd(uchar cmd);    //声明液晶写命令函数
void lcd_wdat(uchar dat) ;     //声明液晶写数据函数
void lcd_clr() ;                //声明液晶清屏函数
void lcd_init() ;               //声明液晶初始化函数
/********以下是延时函数********/
void Delay_ms(uint xms)
```

```
{
    uint i,j;
    for(i=xms;i>0;i--)                //i=xms 即延时约 xms 毫秒
        for(j=110;j>0;j--);
}
/********以下是 LCD 忙碌检查函数********/
bit lcd_busy()
{
    bit result;
    LCD_RS = 0;
    LCD_RW = 1;
    LCD_EN = 1;
    _nop_();
    _nop_();
    _nop_();
    _nop_();
     result = (bit)(P0&0x80);
    LCD_EN = 0;
    return result;
}
/********以下是写指令寄存器 IR 函数********/
void lcd_wcmd(uchar cmd)
{
    while(lcd_busy());
    LCD_RS = 0;
    LCD_RW = 0;
    LCD_EN = 0;
    _nop_();
    _nop_();
    P0 = cmd;
    _nop_();
    _nop_();
    _nop_();
    _nop_();
    LCD_EN = 1;
    _nop_();
    _nop_();
    _nop_();
    _nop_();
```

```
        LCD_EN = 0;
}
/********以下是写寄存器 DR 函数********/
void lcd_wdat(uchar dat)
{
    while(lcd_busy());
     LCD_RS = 1;
     LCD_RW = 0;
     LCD_EN = 0;
     P0 = dat;
     _nop_();
     _nop_();
     _nop_();
     _nop_();
     LCD_EN = 1;
     _nop_();
     _nop_();
     _nop_();
     _nop_();
     LCD_EN = 0;
}
/********以下是 LCD 清屏函数********/
void lcd_clr()
{
    lcd_wcmd(0x01);              //清除 LCD 的显示内容
    Delay_ms(5);
}

/********以下是 LCD 初始化函数********/
void lcd_init()
{
    Delay_ms(15);               //等待 LCD 电源稳定
    lcd_wcmd(0x38);             //16*2 显示，5*7 点阵，8 位数据
    Delay_ms(5);
    lcd_wcmd(0x38);
    Delay_ms(5);
    lcd_wcmd(0x38);
    Delay_ms(5);
```

```
        lcd_wcmd(0x0c);                //显示开、关光标
        Delay_ms(5);
        lcd_wcmd(0x06);                //移动光标
        Delay_ms(5);
        lcd_wcmd(0x01);                //清除 LCD 的显示内容
        Delay_ms(5);
}
void covn(uint sec)    //秒表转换函数
{
        if(sec<1000) buff[0]=0xa0;     //秒的十位为 0，显示空格的 ASCII 码
        else buff[0]=sec/1000+0x30;    //秒的十位不为 0，正常显示
        buff[1]=sec/100%10+0x30;       //取秒的个位
        buff[2]=0x2e;                  //小数点的 ASCII 码
        buff[3]=sec/10%10+0x30;        //取 0.1 秒的位
        buff[4]=sec%10+0x30;           //取 0.01 秒的位
}
void display(void)     //液晶显示函数
{
        uchar j;
        lcd_wcmd(0x45|0x80);
        for(j=0;j<5;j++)
        {
                lcd_wdat(buff[j]);
        }
}
void main()
{
        uchar i=0;
        lcd_init();
        lcd_wcmd(0x00|0x80);
        while(line1[i]!='\0')
        {
                lcd_wdat(line1[i]);    //写第一行的字符
                i++;
        }
        lcd_wcmd(0xC0);
        i=0;
        for(i=0;i<5;i++)
        {
```

```
        lcd_wdat(line2[i]);    //写第二行开始的*字符
    }
    lcd_wcmd(0xCB);
    i=0;
    for(i=0;i<5;i++)
    {
        lcd_wdat(line2[i]);    //写第二行最后的*字符
    }
    while(1)
    {
        Delay_ms(10);
        second++;
        if(second>=6000) second=0;    //秒计数器大于59.99，秒计数器清零
        covn(second);                 //调秒转换函数
        display();                    //调液晶显示函数
    }
}
```

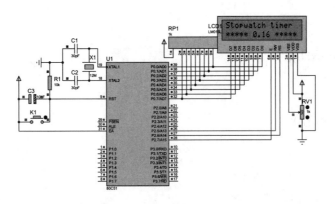

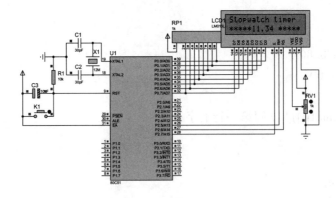

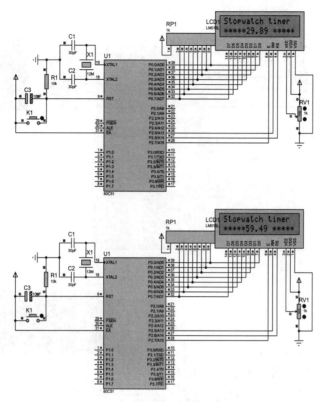

图 4-37 液晶 1602 秒表仿真结果图

# 习题

1. 数码管的静态显示方式与动态显示方式有何区别？各有什么优缺点？

2. 数码管的动态显示原理是什么？

3. 点阵的工作原理是什么？

4. 点阵的行扫描方式与列扫描方式分别是什么？如何编码？

5. 写出 LCD1602 的基本时序。

6. 电路如图 4-38 所示，试编程实现在数码管上间隔一段时间循环显示 H、E、L、L、O 几个字符。画出仿真电路，并编写程序。

7. 电路如图 4-39 所示，用延时方式在数码管（共阴极）上实现显示 10.0 s 至 0.0 s 的倒计时秒表，要求每 0.1 s 数码管的显示变化一次，秒的十位为 0 时不显示。画出仿真电路，并编写程序。

8. 在图 4-40 所示的 8×8 点阵上显示"♥"图形，画出仿真电路，并编写程序。

9. 在 Proteus 中实现 1602 液晶显示，第一行显示"西昌学院"，第二行显示"I LOVE YOU!"完成仿真电路，并编写程序测试。

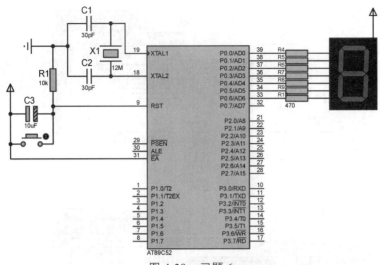

图 4-38 习题 6

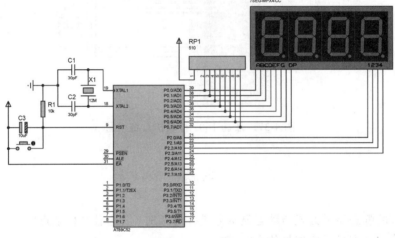

图 4-39 习题 7

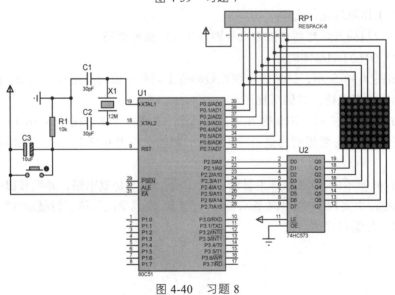

图 4-40 习题 8

第五章

键盘检测
原理及应用

一个好的单片机应用系统，通常要有优秀的人机交互接口。键盘是标准的输入设备，是与单片机进行人机交互的最基本的途径，通常以按键的形式来设置控制功能或输入数据。键盘通常分编码键盘和非编码键盘，以键盘上闭合键的识别是由硬件完成或者是由软件完成来区分。键盘上闭合键的识别由专用的硬件编码器实现，并产生键编码号或键值的称为编码键盘，如计算机键盘。键盘上闭合键的识别由软件编程来实现的称为非编码键盘。在单片机组成的各种系统中，常用的是非编码键盘。非编码键盘又分为独立式键盘和矩阵式键盘（或称行列式键盘）。

## 5.1　按键去抖动处理

按键实际上就是一种常用的按钮，按键未按下时，键的两个触点处于断开状态，按键按下时，两个触点才闭合。而键盘上的按键大多数是利用机械触点来实现键的闭合与释放，由于其弹性作用的影响，机械触点在闭合及断开瞬间均会产生抖动过程，从而使按键输入电压信号也出现抖动，其电压变化情况如图 5-1 所示。

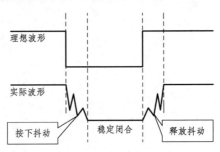

图 5-1　按键按下与释放时的电压变化

从图 5-1 中可以看出，理想波形和实际波形之间是有区别的，实际波形在按下和释放的瞬间都有抖动现象发生，抖动时间的长短与按键的机械特性有关，一般为 5~10 ms。按键的稳定闭合时间由操作人员的按键动作所确定，一般为几百毫秒至几秒。为了保证系统对键的一次闭合仅做一次键输入处理，必须进行消抖处理。一般可用硬件或软件的办法来消抖。

在单片机组成的各种系统中，常采用软件去抖动的办法进行消抖。软件消抖就是在第一次检测到有键按下时先不动作，延时一段时间（一般为 10 ms），再次检测按键的状态，如果仍保持闭合状态，则确认真正有键按下。当检测按键释放后，也要给一段时间（一般为 10 ms）的延时，待后沿抖动消失后才能转入按键的处理程序。按键去抖动流程如图 5-2 所示。

## 5.2　按键工作原理和扫描方式

### 5.2.1　独立式键盘

独立式键盘一般是指直接用 I/O 口线外接按钮构成。每个键单独占用一根 I/O 口线，I/O 线间的工作状态互不影响。当某一按键闭合时，对应口线输入低电平，释放时输入高电平。要判断是否有键压下，只需要检测对应的单片机 I/O 口是低电平还是高电平。

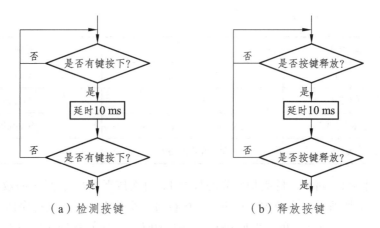

（a）检测按键　　　　　　　　（b）释放按键

图 5-2　按键去抖流程

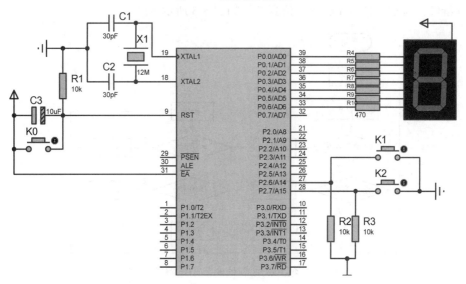

图 5-3　独立式按键检测显示电路

独立式键盘接口电路配置灵活，软件结构简单，但每个按键必须占用一根 I/O 口线，在键数较多时，I/O 口线浪费较大，故只在按键数量不多时才采用这种键盘电路。在电路中，按键输入一般采用低电平有效，上拉电阻保证了按键断开时，I/O 口线有确定的高电平。当 I/O 内部有上拉电阻时，外电路可以不配置上拉电阻。

例 5-1：电路如图 5-3 所示，其中 K1 具有增数功能，K2 具有减数功能。刚开始数码管显示 0，按一下 K1，显示 1，再按一下 K1，显示 2……，若数码管显示 9，再按一下 K1，显示 0；同样，若刚开始数码管显示 0，按一下 K2，显示 9，再按一下 K2，显示 8……，重复前面的过程。元件清单如表 5-1 所示。

表 5-1　元件清单

| 元件名称（编号） | 所属类 | 所属子类 |
| --- | --- | --- |
| 80C51 | Microprocessor ICs | 8051 Family |
| 7SEG-COM-ANODE | Optoelectronics | 7-Segment Displays |
| RES（R1～R10） | Resistors | Generic |

| 元件名称（编号） | 所属类 | 所属子类 |
|---|---|---|
| CAP（C1、C2） | Capacitors | Generic |
| CAP-ELEC（C3） | Capacitors | Generic |
| BUTTON（K0、K1、K2） | Switches and Relays | Switches |
| CRYSTAL（X1） | Miscellaneous | |

解：每次按下 K1，新显示的数是原先的数加 1；每次按下 K2，新显示的数是原先的数减 1；也就是按下 K1 要执行一个分支，按下 K2 执行另一个分支，每次执行完加 1 或者减 1 后都要在数码管上显示最后的结果；当加到 9 再向上加时又回到 0 继续或当减至 0 再向下减时又回到 9 继续。流程如图 5-4 所示，仿真结果如图 5-5 所示。

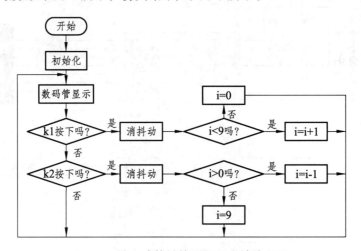

图 5-4　独立式按键检测显示电路流程图

```
#include <reg51.h>
unsigned char lednum[10]={0xc0,0xf9,0xa4,0xb0,0x99,0x92,0x82,0xf8,0x80,0x90};
//共阳极数码管数字 0～9 编码
sbit   k1=P2^6;   //位定义 K1 键
sbit   k2=P2^7;   //位定义 K2 键
void delay1ms(unsigned char z)    //1 ms 延时函数
{
    unsigned char x,y;
    for(x=z;x>0;x--)
        for(y=120;y>0;y--);
}
void main(void)
{
  unsigned char i=0;
```

```
P0=0xff;   //数码管不显示
while(1)
  {
    P0=table[i];   //给数码管赋值
    k1=k2=1; //要读输入口要先置 1
    if(k1==0)   //k1 按下
      {
        delayms (10);   //延时 10 ms
        if(k1==0)   //确认 K1 按下
          {
              if(i<9)   i=i+1;   //如果 i 小于 9 成立执行 i=i+1，否则执行 i=0
              else   i=0;
          }
        while(k1==0);   //松手检测
      }
    if(k2==0) //K2 按下
      {
        delayms (10);   //延时 10 ms
        if(k2==0)   //确认 K2 按下
          {
              if(i>0)   i=i-1;   //如果 i 大于 0 成立执行 i=i-1，否则执行 i=9
              else   i=9;
          }
        while(k2==0);   //松手检测
      }
  }
}
```

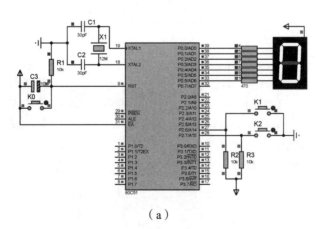

（a）

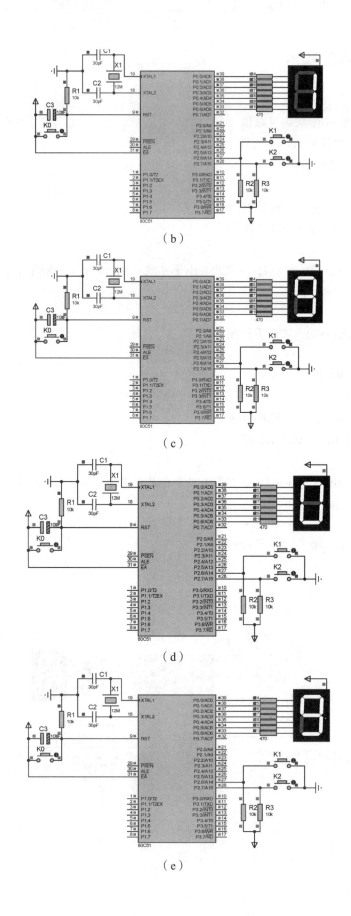

( b )

( c )

( d )

( e )

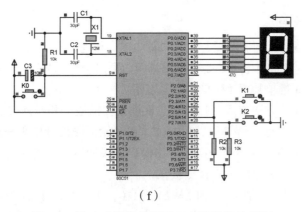

（f）

图 5-5　独立式按键检测显示电路仿真结果图

## 5.2.2　矩阵式（或行列式）键盘

### 1. 矩阵键盘的结构

单片机的 I/O 口线数量是有限的，独立键盘与单片机连接时，每一个按键都需要占用单片机的一个 I/O 口。当一个单片机系统需要的按键数较多时，为了少占用 I/O 口线，通常采用矩阵式（又称行列式）键盘接口电路。

本书以 4×4 的矩阵式键盘为例介绍矩阵键盘，其结构如图 5-6 所示。其由 4 根行线和 4 根列线交叉构成，每一行将每个按键的一端连接在一起构成行线，每一列将每个按键的另一端连接在一起构成列线，按键位于行列的交叉点上，这样便构成 16 个按键。交叉点的行列线是不连接的，行线和列线是通过某个按键的按下和抬起实现联通和断开，当按键按下的时候，此交叉点处的行线和列线导通。这样，键盘只占用一个 8 位的并口便可以实现 16 个按键连接，因此矩阵式键盘对端口的利用率很高。

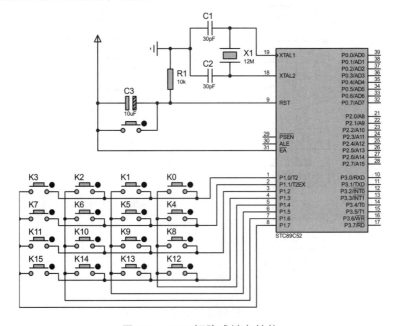

图 5-6　4×4 矩阵式键盘结构

2. 矩阵键盘的检测

独立键盘与单片机连接时，一端与单片机的 I/O 口相连，另一端与地相连，检测时只需判断与单片机相连的 I/O 口是高电平还是低电平即可。而矩阵键盘两端都与单片机的 I/O 口相连，所以检测时需要人为通过单片机 I/O 口送出低电平。

矩阵键盘常用的检测方法有逐行扫描法（或逐列扫描法）和行列扫描法（又称反转法）。

逐行扫描法检测原理是：给单片机高四位（列）轮流输出低电平来对矩阵键盘进行逐行扫描，当低四位接收到的数据不全为高电平的时候，说明有按键按下，然后通过接收到的数据是哪一位为低电平来判断是哪一个按键被按下。

图 5-6 中，先给 P1 口的高四位（列）输出"1110"，即 P1.4～P1.7 为输出口；低四位（行）输入高电平"1111"，即 P1.0～P1.3 作为输入口，P1=0xEF。然后对低四位进行逐行检测，若检测到行有低电平，说明对应的行有键按下。若读 P1 口的值为 0xEE，说明第一行有键按下（P1.0 行有键按下，即 K0 键按下）；可以通过此法判断是否其他行有键按下。接着给 P1 口输入 0xDF，来判断第二列是否有键按下；依次类推，可以判断其他列是否有键按下。

行列扫描法（又称反转法）检测原理是：检测时，通过给行、列端口输出两次相反的值，再将分别读入的行值和列值进行按位"或"运算，得到每个键的扫描码。即高四位全部输出低电平，低四位输出高电平，当接收到的数据低四位不全为高电平时，说明有键按下，对应低四位有低电平的那一行有按键按下；然后再反过来，高四位输出高电平，低四位输出低电平，根据接收到的高四位的值判断哪一列有按键按下；有按键按下的行与有按键按下的列的交叉点的按键就是我们要找的按键。

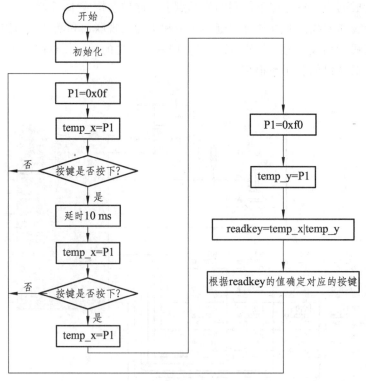

图 5-7　矩阵键盘反转法识别流程图

具体以例 5-2 说明，先给 P1 口的高四位输出低电平，即 P1.4～P1.7 为输出口；低四位输出高电平，即 P1.0～P1.3 作为输入口，P1=0x0f。若有键按下，读 P1 口的低四位状态为"1101"，其值为 0xDH（P1.1 行为低电平）。再给 P1 口的高四位输出高电平，即 P1.4～P1.7 作为输入口；低四位输出低电平，即 P1.0～P1.3 为输出口，P1=0xf0。若有键按下，读 P1 口的高四位状态为"1110"，其值为 0xE0H（P1.4 列为低电平）。将两次读出的 P1 口状态值进行逻辑或运算就得到其按键的特征编码为 0xEDH（行与列交叉点 K4 键为此时按下的键）。用同样的方法可以得到其他 15 个按键的特征编码。编程时可以利用特征编码与按键的编码进行比较来判断是哪一个键被按下。其流程图如图 5-7 所示。

例 5-2：将矩阵键盘的按键号显示在一位静态数码管上，仿真电路如图 5-8 所示，元件清单如表 5-2 所示。

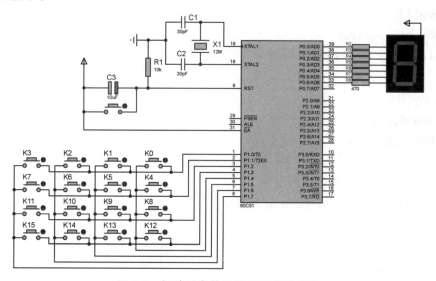

图 5-8　矩阵键盘按键号显示仿真电路

表 5-2　元件清单

| 元件名称（编号） | 所属类 | 所属子类 |
| --- | --- | --- |
| 80C51 | Microprocessor ICs | 8051 Family |
| 7SEG-COM-ANODE | Optoelectronics | 7-Segment Displays |
| RES（R1～R8） | Resistors | Generic |
| CAP（C1、C2） | Capacitors | Generic |
| CAP-ELEC（C3） | Capacitors | Generic |
| BUTTON（K0～K15） | Switches and Relays | Switches |
| CRYSTAL（X1） | Miscellaneous | |

解：要人为定义每个按键的按键号，然后根据矩阵键盘的扫描方法去获取按键的特征键值，并根据特征键值列出对应的按键号，通过共阳极数码管显示出来，其主流程如图 5-9 所示，仿真结果如图 5-10 所示。

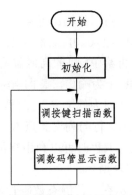

图 5-9　矩阵键盘按键号显示主流程图

```
#include<reg51.h>
#define uchar unsigned char
void delay1ms(uchar z)    /ms*延时程序*/
{
    uchar x,y;
    for(x=z;x>0;x--)
        for(y=120;y>0;y--);
}
uchar keyscan(void);    //键盘扫描程序
void display(uchar aa);    //数码管显示处理程序
void main()
{
    uchar   keyvalue;    //读按键的值
    P0=P1=0xff;
    while(1)
    {
        keyvalue= keyscan();
        display(keyvalue);    //调用键盘扫描和数码管显示子程序
    }
}
void display(uchar aa) /*数码管显示函数*/
{
    uchar code table[]={0xc0,0xf9,0xa4,0xb0,0x99,0x92,0x82,0xf8,0x80,0x90,0x88,0x83,
    0xc6,0xa1,0x86,0x8e,0xff};    //共阳数码管显示字符代码 0~F、灭
    P0=table[aa];
}
uchar keyscan(void)   /*扫描按键函数——2 步判别扫描法 */
{
    unsigned char temp_x,temp_y,readkey;
```

```
static unsigned char num=16;    //初始无键按下不显示
P1=0x0f;    //行扫描
temp_x=P1&0x0f;
if(temp_x!=0x0f)    //有键按下
{
    delay1ms(10);   //延时 10 ms 后再测按键
    temp_x=P1&0x0f;
    if(temp_x!=0x0f)    //有键按下
    {
        temp_x=P1&0x0f;
        P1=0xf0;
        temp_y=P1&0xf0;
        readkey=temp_x+temp_y;
        switch(readkey)
            {
                        case 0xee:num=0;  break; //特征键值为 0xee，按键号置为 0，退出
                        case 0xde:num=1;  break;
                        case 0xbe:num=2;  break;
                        case 0x7e:num=3;  break;
                        case 0xed:num=4;  break;
                        case 0xdd:num=5;  break;
                        case 0xbd:num=6;  break;
                        case 0x7d:num=7;  break;
                        case 0xeb:num=8;  break;
                        case 0xdb:num=9;  break;
                        case 0xbb:num=10; break;
                        case 0x7b:num=11; break;
                        case 0xe7:num=12; break;
                        case 0xd7:num=13; break;
                        case 0xb7:num=14; break;
                        case 0x77:num=15; break;
                        default:break;
            }
    }
}
return(num);   //返回键号
}
```

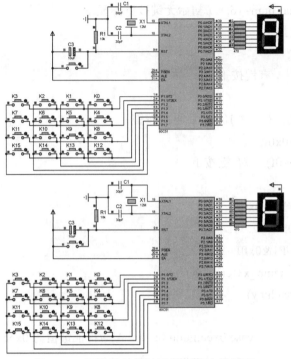

图 5-10　矩阵键盘按键号显示仿真结果图

## 5.3　键盘检测的应用

人机交互是单片机系统不可缺少的功能，按键作为单片机系统的输入设备，在单片机系统的应用中发挥着重要的作用。

例 5-3：开关的使用。电路如图 5-11 所示，单片机 P3.0 引脚接一开关，P0 口接 8 个发光二极管，当开关 SW1 闭合时流水灯从 D1 到 D8 循环点亮，断开时流水灯从 D8 到 D1 循环点亮，闭合或断开循环进行。元件清单如表 5-3 所示。

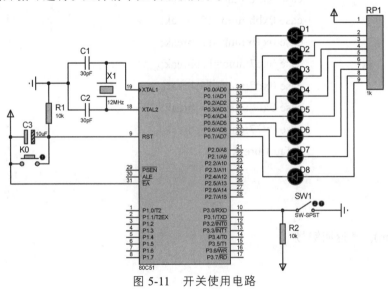

图 5-11　开关使用电路

表 5-3　元件清单

| 元件名称（编号） | 所属类 | 所属子类 |
| --- | --- | --- |
| 80C51 | Microprocessor ICs | 8051 Family |
| LED-RED（D1～D8） | Optoelectronics | LEDs |
| RES（R1、R2） | Resistors | Generic |
| CAP（C1、C2） | Capacitors | Generic |
| CAP-ELEC（C3） | Capacitors | Generic |
| BUTTON（K0） | Switches and Relays | Switches |
| CRYSTAL（X1） | Miscellaneous | |
| RESPACK-8（RP1） | Resistor Packs | Resistors |
| SW-SPST（SW1） | Switches and Relays | Switches |

解：开关在闭合后不会自动弹起，闭合与断开都需要手动完成，原则上它的使用与按键的使用类似。开关使用流程如图 5-12 所示，仿真结果如图 5-13 所示。

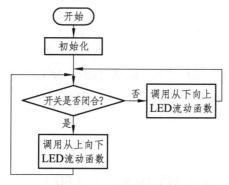

图 5-12　开关使用流程

```
#include<reg51.h>
#include<intrins.h>
#define uchar unsigned char
#define uint unsigned int
sbit SW1=P3^0;//位定义按键
uchar temp=0xfe,temp1=0x7f; //定义初值
void delay1ms(uint z) /*延时 1ms 函数*/
{
    uint x,y;
    for(x=z;x>0;x--)
        for(y=120;y>0;y--);
}
void up_down(void) /*从上向下点亮 LED 灯函数*/
{
        P0=temp; //点亮相应的 LED 灯
```

```
        temp=_crol_(temp,1);//左移一位
        delay1ms(300);      //延时 300 ms
}
void down_up(void) /*从下向上点亮 LED 灯函数*/
{
        P0=temp1; //点亮相应的 LED 灯
        temp1=_cror_(temp1,1); //右移一位
        delay1ms(300); //延时 300 ms
}

void main(void)
{
        P0=0xff;//开始所有 LED 灯不亮
        while(1)
        {
            if(SW1==1)//SW1 按下
            {
                temp1=0x7f;   //保证开关断开时能从 D8 LED 开始流动
                  up_down();   //调用从上向下 LED 流动函数
                }
            else
            {
                temp=0xfe;   //保证开关闭合时能从 D1 LED 开始流动
                down_up();   //调用从下向上 LED 流动函数
            }
        }
}
```

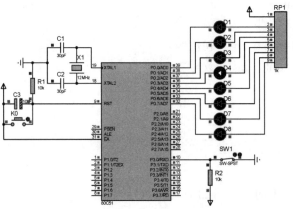

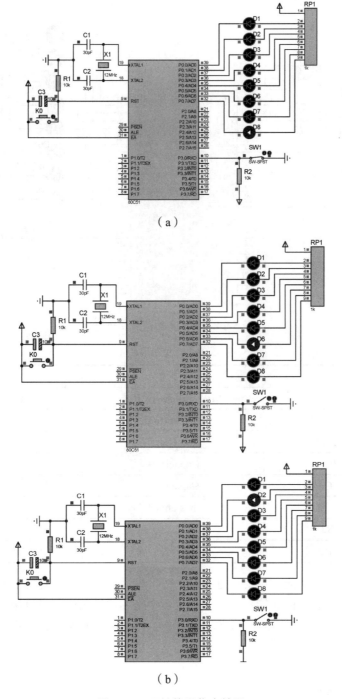

（b）

图 5-13　开关使用仿真结果

例 5-4：一键多功能的应用。电路如图 5-14 所示，按一下 K1 键，流水灯从 D1 到 D8 循环点亮，再按一下 K1 键，流水灯从 D8 到 D1 循环点亮，再按一下 K1 键，流水灯奇偶交替点亮一次，再按一下 K1 键，循环进行。元件清单如表 5-4 所示。

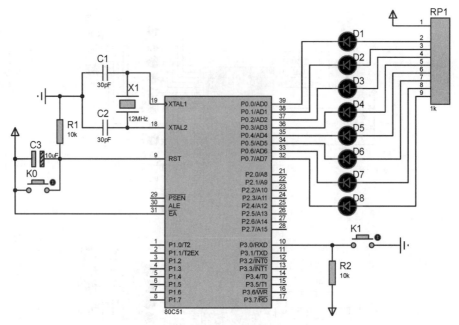

图 5-14　一键多功能应用电路

表 5-4　元件清单

| 元件名称（编号） | 所属类 | 所属子类 |
|---|---|---|
| 80C51 | Microprocessor ICs | 8051 Family |
| LED-RED（D1 ~ D8） | Optoelectronics | LEDs |
| RES（R1、R2） | Resistors | Generic |
| CAP（C1、C2） | Capacitors | Generic |
| CAP-ELEC（C3） | Capacitors | Generic |
| BUTTON（K0、K1） | Switches and Relays | Switches |
| CRYSTAL（X1） | Miscellaneous | |
| RESPACK-8（RP1） | Resistor Packs | Resistors |

解：要实现一键多功能，主要通过在每次按下键后定义一个特殊的值来区分，然后根据这个特殊的值去执行相应的功能。这就如在生活中有相同姓名的人可以用身份证号来区别是一样的，因为身份证号是唯一的。程序流程如图 5-15 所示，仿真结果如图 5-16 所示。

```c
#include<reg52.h>
#include<intrins.h>
#define uchar unsigned char
#define uint unsigned int
sbit k1=P3^0; //位定义按键
uchar num=0;    //用 num 保存按键的状态
uchar temp=0xfe,temp1=0x7f;    //定义初值
void delay1ms(uint z)   /*延时 1 ms 函数*/
{
```

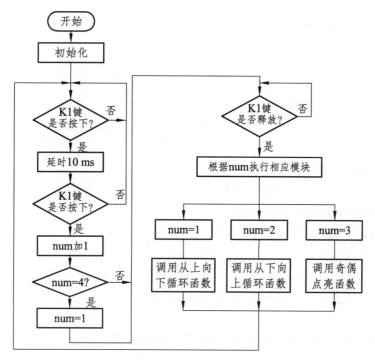

图 5-15　一键多功能应用流程图

```
    uint x,y;
    for(x=z;x>0;x--)
        for(y=120;y>0;y--);
}
void up_down(void) /*从上向下点亮 LED 灯函数*/
{
    P0=temp; //点亮相应的 LED 灯
    temp=_crol_(temp,1);//左移一位
    delay1ms(300);    //延时 300 ms
}
void down_up (void) /*从下向上点亮 LED 灯函数*/
{
    P0=temp1; //点亮相应的 LED 灯
    temp1=_cror_(temp1,1); //右移一位
    delay1ms(300); //延时 300 ms
}
void odd_even()/*交替点亮序号为奇数、偶数 LED 灯函数*/
{
    P0=0x55;//为奇数的 LED 点亮
    delay1ms(100);//延时 100 ms
    P0=~P0;//为偶数的 LED 点亮
```

```c
        delay1ms(100);//延时 100 ms
}
void main(void)
{
    P0=0xff;//开始所有 LED 灯不亮
    while(1)
    {
        if(k1==0)//K1 按下
        {
            delay1ms(10);//延时 10 ms
            if(k1==0)//K1 确实按下
            {
                num++;//num 加 1
                if(num==4) num=1;//num 等于 4，将 num 置 1
            }
            while(k1==0);//K1 未释放一直等待，直到释放才退出
        }
        switch(num)
        {
            case 1: up_down ();break;        //num 为 1，执行从上向下循环函数
            case 2:down_up();break;          //num 为 2，执行从下向上循环函数
            case 3:odd_even();break;     //num 为 3，执行奇偶交替点亮函数
            default:break;                   //num 为其他值就退出
        }
    }
}
```

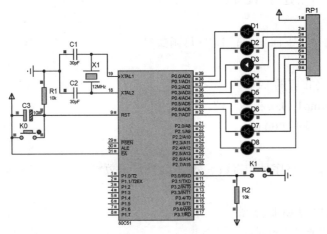

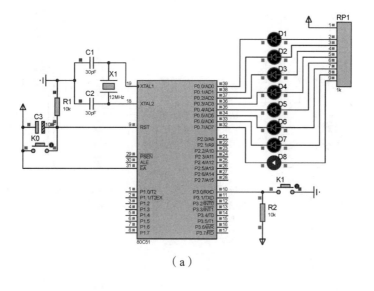

（a）

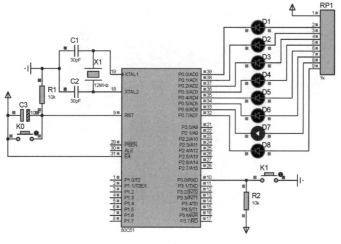

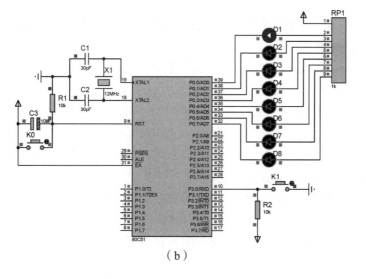

（b）

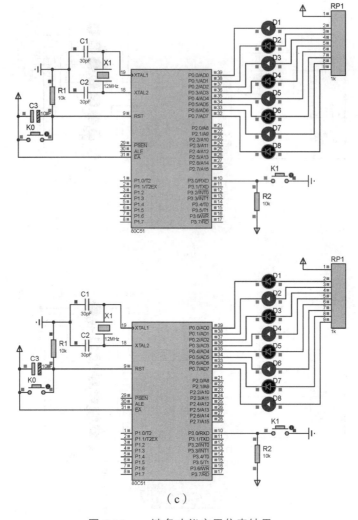

（c）

图 5-16　一键多功能应用仿真结果

说明：图 5-16（a）是仿真按键按下后 LED 从上向下流动效果，图（b）是仿真按键按下后 LED 从下向上流动效果，图（c）是仿真按键按下后 8 个 LED 奇偶交替点亮效果。

例 5-5：设计一个两位正整数的加减法简易计算器（减法要求被减数大于减数，否则报错）。要求对输入的正整数在输入时显示，计算加减法只显示最后的结果。

解：根据题意可知，输入的数较多，因此采用矩阵键盘实现输入，而两位正整数加法的和可能是两位数或三位数，故数码管采用四位（由于 Proteus 库中没有三位数码管，故采用四位数码管代替）。电路如图 5-17 所示，元件清单如表 5-5 所示。扬声器作用是在做减法运算时，如被减数小于减数，就报警响三声，表示不符合要求、出错。就像计算机中的计算器一样，对输入的数要做暂存处理，当输入为+、-、=时就取出暂存值并赋给一个变量；若遇到等号时就根据前面输入的+或-进行加、减法计算。同时显示也要与平时习惯一致，高位在前，低位在后。程序流程如图 5-18 所示，仿真结果如图 5-19 所示。

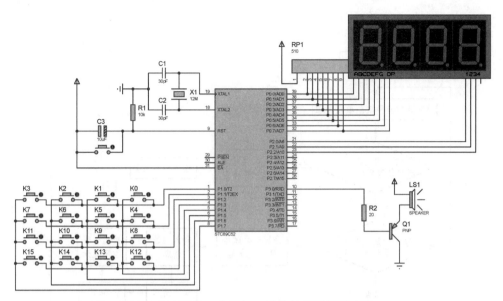

图 5-17　两位正整数加、减法简易计算器电路

表 5-5　元件清单

| 元件名称（编号） | 所属类 | 所属子类 |
|---|---|---|
| 80C51 | Microprocessor ICs | 8051 Family |
| 7SEG-MPX4-CC | Optoelectronics | 7-Segment Displays |
| RES（R1、R2） | Resistors | Generic |
| CAP（C1、C2） | Capacitors | Generic |
| CAP-ELEC（C3） | Capacitors | Generic |
| BUTTON（K0~K15） | Switches and Relays | Switches |
| CRYSTAL（X1） | Miscellaneous | |
| RESPACK-8（RP1） | Resistor Packs | Resistors |
| SPEAKER（LS1） | Speakers&Sounders | |
| PNP（Q1） | Transistors | Generic |

按习惯，高位先输先显示，低位后输后显示，高位在前低位在后显示。

```
#include<reg51.h>
#include<intrins.h>
#define uint unsigned int    //宏定义，uint 等同于 unsigned int
#define uchar unsigned char   //宏定义，uchar 等同于 unsigned char
sbit deep=P3^0;
ulint buff1[]={16,16,16};//暂存显示（a、b 两个数值，和或差值）
uchar code table[]={0x3f,0x06,0x5b,0x4f,0x66,0x6d,0x7d,0x07,0x7f,0x6f,0x77,0x7c,
0x39,0x5e,0x79,0x71,0}; //共阴极数码管的 0~F 与不显示
uchar wei[]={0xfe,0xfd,0xfb};     //位码
void delay1ms(uchar z)   /*延时 1 ms 函数*/
```

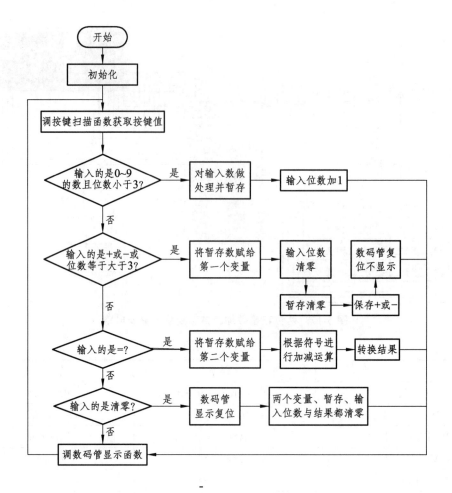

图 5-18　两位正整数加、减法简易计算器流程图

```
{
    uchar x,y;
    for(x=z;x>0;x--)
        for(y=120;y>0;y--);
}
void fmq(void)    /*蜂鸣器响三声函数*/
{
    uchar   j;
    for(j=0;j<3;j++)
    {
        deep=0;
        delay1ms(100);
        deep=1;
        delay1ms(100);
    }
```

```c
}
uchar keyscan();    //键盘扫描函数，有返回值
uchar keypro();     //键盘值函数，有返回值
void covn(ulint t )   /*将一个整数转换百位、十位、个位函数*/
{
    buff1[0]=t/100%10;    //取百位
    if(t/100==0) buff1[0]=16;//如果小于100，百位等于0就不显示
    buff1[1]=t/10%10;     //十百位
    if(t/10==0) buff1[1]=16;//如果小于10，十位等于0就不显示
    buff1[2]=t%10;        //取个位
}
void display();   /*数码管显示函数，没有返回值*/
void main()
{
    uchar j=0;     //定义变量
    uchar i=0,key=0,flag=0;   //定义变量
    ulint a=0,b=0;    //定义a、b两个输入变量
    ulint zhancun=0,s=0;   //定义中间暂存、和（差）变量
    P0=0xff,P2=0xff;    //初始化P0、P1
    display();     //调显示函数，显示数码管开始状态
    while(1)
    {
        key=keypro();    //取键盘值
        if(((key>=0)&&(key<=9))&&(j<3))    //判断键值为0~9，同时位数小于3
        {
            zhancun=zhancun*10+key;    //多次输入数值处理
            buff1[j]=key;        //将输入数暂存保存
            j++;          //输入个数加1
        }
        else if((key==10)||(key==11)||(j>=3))//如果是+或-或输入的数超过两位就将暂存
                                             //值给a
        {
            a=zhancun;zhancun=0;j=0; //将暂存输入数赋给a,暂存清零，输入数的个数清零
            for(i=0;i<3;i++)
            buff1[i]=16;    //复位数码管都不显示
            if(key==10) flag=1; //加
            if(key==11) flag=2; //减
        }
        else if(key==12)//如果是=号就将暂存值给b
```

```
        {
            b=zhancun;zhancun=0;    //将暂存输入数赋给b,暂存清零
            switch(flag)
            {
                case 1:s=a+b;break; //加法运算
                case 2:if(a<b) fmq();else s=a-b;break; //如果被减数小于减数就报警,否则做
                                                        //减法运算
            }
            covn(s);    //转换数方便显示
        }
        else if(key==13)//如果键值等于C，复位显示缓存，清零a、b、s、zhancun、j
        {
            for(i=0;i<3;i++)
            buff1[i]=16;
            a=0;
            b=0;
            s=0;
            zhancun=0;
            j=0;
        }
    display();   //调显示函数
    }
}
void display(void) /*数码管显示函数*/
{
            uchar i;
            for(i=0;i<3;i++)
            {
            P2=wei[i];      //送位码
            P0=table[buff1[i]];   //送显示码
            delay1ms(2);
            }
}
uchar keyscan(void) /*逐行扫描法  */
{
    bit flag=0;
    uchar readkey;
    uchar x_temp,y_temp;
    P1=0x0f;//行扫描
```

```c
    if((P1&0x0f)!=0x0f) /*有键按下*/
    {
        delay1ms (10); /*延时 10 ms 后再测按键*/
         P1=0x0f;   //行扫描
        if((P1&0x0f)!=0x0f) /*有键按下*/
         {
             x_temp=P1&0x0f;
             P1=0xf0;   //列扫描
             y_temp=P1&0xf0;
             readkey=x_temp+y_temp;   //得到特征键值
             while((P1&0xf0)!=0xf0);   //释放按键
             flag=1;   //有键按下 flag 置 1
         }
    }
    if(flag==1) return readkey;   //有键按下，返回当前键特征键值
    else return 0xff;       //无键按下，返回 0xff
}
uchar keypro()/*确定按键值函数，有返回值*/
{
    switch(keyscan())   //调键盘扫描函数，根据特征键值执行相应的语句
    {
        case 0xee:return 0;break;//特征键值是 0xee，返回按键号 0，退出
        case 0xde:return 1;break; //特征键值是 0xde，返回按键号 1，退出
        case 0xbe:return 2;break; //特征键值是 0xbe，返回按键号 2，退出
        case 0x7e:return 3;break; //特征键值是 0x7e，返回按键号 3，退出
        case 0xed:return 4;break;
        case 0xdd:return 5;break;
        case 0xbd:return 6;break;
        case 0x7d:return 7;break;
        case 0xeb:return 8;break;
        case 0xdb:return 9;break;
        case 0xbb:return 10;break;
        case 0x7b:return 11;break;
        case 0xe7:return 12;break;
        case 0xd7:return 13;break;
        default:return 16;break; //其他情况，返回按键号 16，退出
    }
}
```

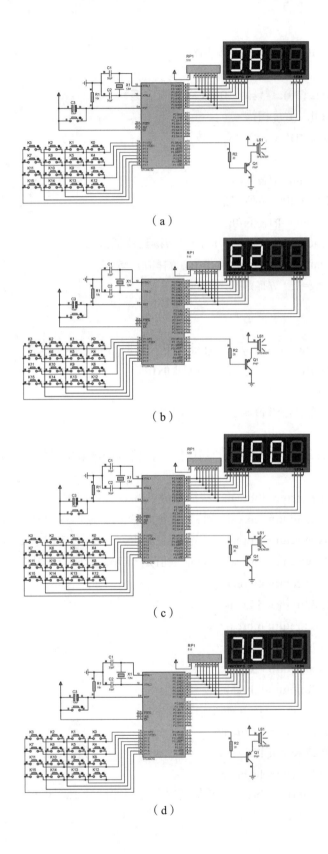

( a )

( b )

( c )

( d )

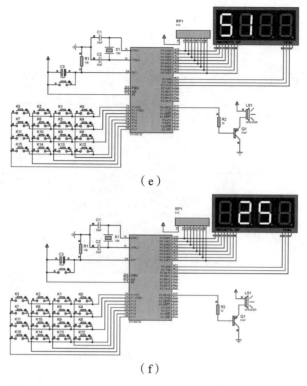

（e）

（f）

图 5-19　两位正整数加、减法简易计算器仿真结果

说明：图 5-19（a）、（b）、（c）做的是 98 加 62 的加法运算，并显示结果；图（d）、（e）、（f）做的是 76 减去 51 的减法运算，并显示结果。

# 习题

1. 什么是按键抖动？单片机系统中如何消除按键抖动？

2. 独立按键的检测原理是什么？矩阵键盘的检测原理是什么？

3. 什么是矩阵键盘行列扫描法？简述其工作过程。

4. 电路如图 5-20 所示，P0 口接一位数码管，P3 口接 8 个按键，哪个按键按下，数码管就显示哪个按键的按键号。如 K5 按下，就把键号 5 显示在数码管上。

5. 设计一电路，满足：用 LED 灯组成 ♥ 图形，系统有三个按键，当第一个按键按下时，所有的 LED 灯顺时针逐一点亮；第二个按键按下时，逆时针逐一熄灭所有的 LED 灯；第三个按键按下时，所有的 LED 灯闪烁。

6. 8051 单片机的 P1 口连接 4×4 矩阵键盘，P0 口连接一个四位数码管，将矩阵键盘的按键号进行平方并显示在四位数码管上，仿真电路如图 5-21 所示。

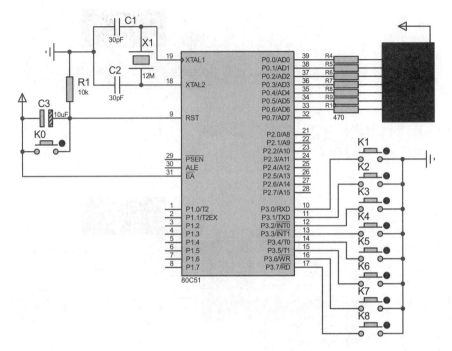

图 5-20    习题 4

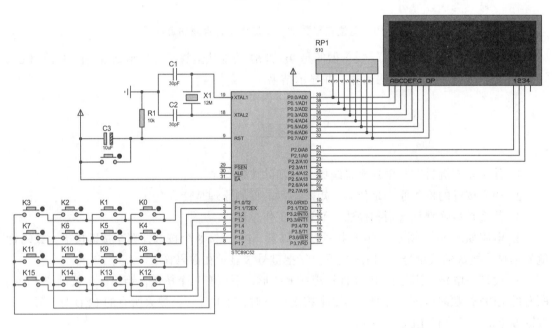

图 5-21    习题 6

第六章

中断、定时器/计
数器原理及应用

单片机系统的运行也和其他微机系统一样，芯片需要不断地与外部设备交换信息，或者根据系统要求进行定时控制，对外部数据进行计数等，这些功能就涉及了中断、定时器/计数器。

中断系统是单片机应用系统的重要组成部分，是其与 I/O 设备之间进行数据交换的一种控制方式。一个功能强大的中断系统可以大大提高单片机处理随机事件的能力，提高工作效率，增强系统的实时性。8051 单片机主要有 5 个中断源，其中包括 2 个外部中断（外部中断 0、外部中断 1），3 个内部中断（定时器/计数器 T0 中断、定时器/计数器 T1 中断、串口中断）。

定时器/计数器主要产生各种时间间隔，记录外部事件的数量，是单片机系统最常用、最基本的部件之一。8051 单片机内部共有两个 16 位可编程定时器/计数器，定时器/计数器的定时功能和计数功能是由同一硬件完成的。它们的区别在于定时器的计数脉冲来源于单片机的内部，而计数器的计数脉冲来源于外部脉冲。

## 6.1　中断系统

中断技术是计算机中一项很重要的技术。中断系统的功能主要是为了解决快速 CPU 与慢速的外设间的矛盾，它由硬件和软件组成。中断系统能使计算机的功能更强、效率更高、使用更加方便灵活。

### 6.1.1　中断概述

1. 什么是中断？

现实中时常会发生这样的事情：某同学正在教室写作业，忽然被人叫出去，回来后继续写作业。这就是生活中的中断现象。

在程序运行的过程中，由于系统内、外的某种原因使 CPU 暂时中止其正在执行的程序，转去执行请求中断的那个服务程序，等处理完中断服务程序后再返回执行原来中止的程序的过程，叫作中断。中断的发生及执行过程如图 6-1 所示。

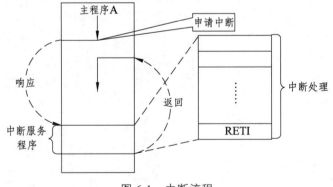

图 6-1　中断流程

CPU 在执行主程序的过程中，此时有中断源向 CPU 提出中断请求，CPU 会暂停正在执行的程序（这时产生一个断点），去响应执行中断处理程序，执行完中断处理程序后返回到断点处继续执行主程序。下面是一些常用术语解释：

主程序：CPU 正常情况下运行的程序。

中断源：产生申请中断信号的单元和事件。

中断请求：中断源向 CPU 所发出的请求中断的信号。

中断响应：CPU 在满足条件情况下接受中断申请，终止现行程序执行转而为申请中断的对象服务。

中断服务程序：为中断服务的程序。比如我们要让打印机打印一页图，打印机向计算机发出打印请求，计算机控制打印机打印一页图，那么这个让"打印机打印一页图的程序"就是中断服务程序。

断点：现行程序被中断的地址。

中断返回：中断服务程序结束后返回到原来程序。

由于中断服务程序执行完后仍要返回主程序，因此，在执行中断处理程序之前，要将主程序中断点处的地址保存，即中断返回后要执行的命令地址，这个地址就是程序计数器 PC 的值，这个过程称为保护断点。又由于单片机在执行中断处理程序时，可能会使用和改变主程序使用过的寄存器、标志位甚至内存单元，因此，在执行中断服务程序前，还要把有关的数据保护起来，这称为中断现场保护。在单片机执行完中断处理程序后，又要恢复原来的数据，并返回主程序的断点处继续执行，这称为恢复现场。

2. 为什么要设置中断？

（1）提高 CPU 工作效率。大多数外部设备的速度比 CPU 慢，比如打印机打印字符的速度相比 CPU 运行速度要慢许多，CPU 与外部设备无法同步进行输入输出，用 CPU 查询方式又大大浪费 CPU 的时间，因此，可通过中断方式实现 CPU 与外部设备的协调，即 CPU 执行主程序，而外设也可以进行自己的工作，这称为并行工作，而且任何一个外设在工作完成后都可以通过中断得到满意服务。因此，CPU 和外设交换信息时，通过中断就可以避免不必要的等待和查询，从而大大提高了工作效率。

（2）具有实时处理功能。在实时控制中，现场的各种参数、信息均随时间而变化。这些外界变量可根据要求随时向 CPU 发出中断申请，请求 CPU 及时处理中断请求。如中断条件满足，CPU 马上就会响应，进行相应的处理，从而实现实时处理。

（3）具有故障处理功能。针对难以预料的情况或故障，如掉电、存储出错、运算溢出等，可通过中断系统由故障源向 CPU 发出中断请求，再由 CPU 转到相应的故障处理程序进行处理。

（4）实现分时操作。中断可以解决快速的 CPU 与慢速的外设之间的矛盾，使 CPU 和外设同时工作。CPU 在启动外设工作后继续执行主程序，同时外设也在工作。每当外设做完一件事就发出中断申请，请求 CPU 中断它正在执行的程序，转去执行中断服务程序（一般情况是处理输入/输出数据），中断处理完之后，CPU 恢复执行主程序，外设也继续工作。这样，CPU 可启动多个外设同时工作，大大地提高了 CPU 的效率。

### 6.1.2  中断系统的组成

MCS-51 单片机提供了 3 种类型的中断源，共包括 2 个外中断（$\overline{\text{INT0}}$、$\overline{\text{INT1}}$），2 个片内定时/计数器中断（T0、T1），1 个串行口中断。中断系统结构如图 6-2 所示。

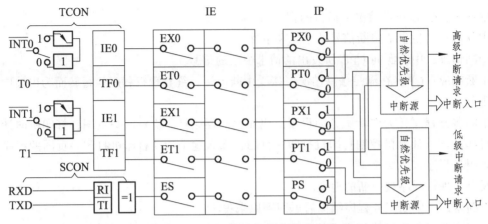

图 6-2　MCS-51 单片机的中断系统组成

图 6-2 中的 TCON 寄存器是外部中断与定时/计数器中断设置寄存器，可以设置外部中断的启动方式。SCON 为串行口控制寄存器。IE 寄存器是中断启用寄存器，它控制着各个中断源的开关。只有当中断总开关 EA 打开并启用相应中断源后，该中断才能被 CPU 响应。IP 寄存器是中断优先级寄存器，当有多个中断需要 CPU 响应时，CPU 会根据 IP 寄存器中的设置决定中断响应的先后顺序。

外部中断源通过 P3.2（$\overline{INT0}$）和 P3.3（$\overline{INT1}$）引脚输入。外部中断请求有两种信号方式，电平方式和脉冲方式。电平方式的中断请求是低电平有效，脉冲方式的中断请求是下降沿有效。

定时器/计数器中断是为了满足定时和计数溢出处理而设置的，是以计数产生溢出时的信号作为中断请求。当定时器 T0 和 T1 溢出时，置 TF0 和 TF1 为"1"，向 CPU 发出中断请求，直到 CPU 响应中断时才由硬件清零。但在计数方式时，计数脉冲由外部引脚 P3.4（T0）和 P3.5（T1）输入。

串行口的接收中断 RI 和发送中断 TI 作为内部的一个中断源。串口中断发生时，CPU 通过 RXD 引脚或 TXD 引脚接收或发送数据。

### 6.1.3　中断向量及中断寄存器

1. 中断向量

中断向量是指中断服务程序的入口地址。中断响应后，程序将跳转至对应的中断向量执行中断子程序。对于 C 语言程序，设计者可以不必知道中断向量的真实地址，但在汇编语言程序中，必须明确该中断子程序属于哪个中断源以及它所对应的中断向量。MSC-51 单片机的中断向量地址如表 6-1 所示。

表 6-1　MCS-51 单片机中断向量

| 中断号 $n$ | 中断源名称 | 中断向量地址 |
|---|---|---|
| 0 | 外部中断 $\overline{INT0}$ | 0003H |
| 1 | 定时器/计数器中断 T0 | 000BH |

| 中断号 $n$ | 中断源名称 | 中断向量地址 |
|---|---|---|
| 2 | 外部中断 $\overline{INT1}$ | 0013H |
| 3 | 定时器/计数器中断 T1 | 001BH |
| 4 | 串行口中断 RI/TI | 0023H |

2. 中断控制寄存器

1）定时器/计数器控制寄存器 TCON

TCON 为定时器/计数器的控制寄存器，同时锁存 T0、T1 溢出中断源标志、外部中断请求标志，各位可位寻址。其格式如表 6-2 所示。

表 6-2 定时器/计数器控制寄存器 TCON 格式

| 位　置 | D7 | D6 | D5 | D4 | D3 | D2 | D1 | D0 | 字节地址 |
|---|---|---|---|---|---|---|---|---|---|
| 位地址 | TF1 | TR1 | TF0 | TR0 | IE1 | IT1 | IE0 | IT0 | 88H |

IT0（TCON.0）：选择外部中断 $\overline{INT0}$ 请求为边沿触发或电平触发方式的控制位。IT0=0 为电平触发方式，$\overline{INT0}$ 引脚接低电平时向 CPU 申请中断；IT0=1 为边沿触发方式，$\overline{INT0}$ 输入脚高到低负跳变时向 CPU 申请中断。IT0 可由软件置 "1" 或清 "0"。

IE0（TCON.1）：外部中断 $\overline{INT0}$ 的中断标志位。IE0=0 表示 $\overline{INT0}$ 没有中断请求，IE0=1 表示 $\overline{INT0}$ 有中断请求。当中断被响应后，该位将由内部硬件自动清零。

IT1（TCON.2）：选择外部中断 $\overline{INT1}$ 请求为边沿触发或电平触发方式的控制位。其作用与 IT0 类似。

IE1（TCON.3）：外部中断 $\overline{INT1}$ 的中断标志位。其作用与 IE0 类似。

TF0、TF1、TR0、TR1 主要用于定时器/计数器的控制，在定时器/计数器部分再介绍。

当 MSC-51 单片机系统复位后，TCON 各位被清 "0"。

2）串行口控制寄存器 SCON

SCON 为串行口控制寄存器，其字节地址为 98H，可以进行位寻址。串行口的接收和发送数据中断请求标志位（RI、TI）被锁存在串行口控制寄存器 SCON 中，其格式如表 6-3 所示。

表 6-3 串行口控制寄存器 SCON 格式

| 位　置 | D7 | D6 | D5 | D4 | D3 | D2 | D1 | D0 | 字节地址 |
|---|---|---|---|---|---|---|---|---|---|
| 位地址 | SM0 | SM1 | SM2 | REN | TB8 | RD8 | TI | RI | 98H |

RI（SCON.0）：串行口接收中断请求标志位。在串行口允许接收时，每接收完一帧数据，由硬件自动将 RI 位置为 "1"。CPU 响应中断时，并不清除 RI 中断标志，也必须在中断服务程序中由软件对 RI 标志清 "0"，以便下次继续接收。

TI（SCON.1）：串行口发送中断请求标志位。CPU 将一个数据写入发送缓冲器 SBUF 时，就启动发送，每发送完一帧串行数据后，硬件置位 TI 为 "1"。但 CPU 响应中断时，并不清除 TI 中断标志，必须在中断服务程序中由软件对 TI 清 "0"，以便下次继续发送。

3）中断允许寄存器 IE

MCS-51 对中断源的开放或屏蔽是由中断允许寄存器 IE 控制的，IE 的字节地址为 A8H，可以按位寻址，当单片机复位时，IE 被清为"0"。通过对 IE 的各位置"1"或清"0"操作，实现开放或屏蔽某个中断，其格式如表 6-4 所示。

表 6-4　中断允许寄存器 IE 格式

| 位　置 | D7 | D6 | D5 | D4 | D3 | D2 | D1 | D0 | 字节地址 |
|---|---|---|---|---|---|---|---|---|---|
| 位地址 | EA | — | — | ES | ET1 | EX1 | ET0 | EX0 | A8H |

EA（IE.7）：CPU 的中断开放/禁止总控制位。EA=0 时，禁止所有中断；EA=1 时，开放所有中断，但每个中断还受各自的控制位控制。

"—"：保留位。

ES（IE.4）：允许或禁止串行口中断。ES=0 时，禁止中断；ES=1 时，允许中断。

ET1（IE.3）：允许或禁止定时器/计数器 1 溢出中断。ET1=0 时，禁止中断；ET1=1 时，允许中断。

EX1（IE.2）：允许或禁止外部中断 1 中断。EX1=0 时，禁止中断；EX1=1 时，允许中断。

ET0（IE.1）：允许或禁止定时器/计数器 0 溢出中断。ET0=0 时，禁止中断；ET0=1 时，允许中断。

EX0（IE.0）：允许或禁止外部中断 0 中断。EX0=0 时，禁止中断；EX0=1 时，允许中断。

例 6-1：若允许片内 2 个定时/计数器中断请求，禁止其他中断源的中断请求，试编写出设置 IE 的相应程序。

解：用位操作指令：

EX0=0；禁止外部中断 0 中断

EX1=0；禁止外部中断 1 中断

ES=0；禁止串行口中断

ET0=1；允许定时/计数器 T0 中断

ET1=1；允许定时/计数器 T1 中断

EA=1；CPU 开中断

用字节操作指令：IE=0x8A；

通过这个例子说明，能够用位操作的寄存器，也可以用字节操作来实现。

4）中断优先级寄存器 IP

MCS-51 内部的中断优先级控制寄存器 IP 用于设定各中断的优先级。其字节地址为 B8H，既可按字节形式访问，又可按位形式访问，其格式如表 6-5 所示。

表 6-5　中断优先级寄存器 IP 格式

| 位　置 | D7 | D6 | D5 | D4 | D3 | D2 | D1 | D0 | 字节地址 |
|---|---|---|---|---|---|---|---|---|---|
| 位地址 | — | — | — | PS | PT1 | PX1 | PT0 | PX0 | B8H |

"—"：保留位。

PS（IP.4）：用于设定串口的中断优先级。PS=1 时，串口具有高优先级；PS=0 时，串口具有低优先级。

PT1（IP.3）：用于设定定时器/计数器 1 的中断优先级。PT1=1 时，定时器/计数器具有高优先级；PT1=0 时，定时器/计数器 1 具有低优先级。

PX1（IP.2）：用于设定外部中断 1 的中断优先级。PX1=1 时，外部中断 1 具有高优先级；PX1=0 时，外部中断 1 具有低优先级。

PT0（IP.1）：用于设定定时器/计数器 0 的中断优先级。PT0=1 时，定时器/计数器具有高优先级；PT0=0 时，定时器/计数器 0 具有低优先级。

PX0（IP.0）：用于设定外部中断 0 的中断优先级。PX0=1 时，外部中断 0 具有高优先级；PX0=0 时，外部中断 0 具有低优先级。

例 6-2：设置 IP 寄存器的初始值，使得 MCS-51 的片内中断为低优先级，片外中断为高优先级。

解：用位操作指令：

串行口、T0、T1 为低优先级：

PS=0；

PT0=0；

PT1=0；

外中断 0、1 为高优先级：

PX0=1；

PX1=1；

用字节操作指令：IP=0x05；

MSC-51 有 2 个中断优先级，每一个中断请求源均可编程为高优先级中断或低优先级中断，从而实现 2 级中断嵌套，如图 6-3 所示。

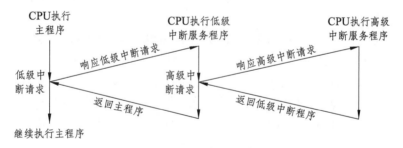

图 6-3　多级中断响应和处理过程

由图 6-3 可以看出：

（1）正在进行的中断过程不能被新的同级或低优先级的中断请求所中断，一直到该中断服务程序结束，返回了主程序且执行了主程序中的一条指令后，CPU 才响应新的中断请求。

（2）正在进行的低优先级中断服务程序能被高优先级中断请求所中断，实现两级中断嵌套。

（3）CPU 同时接收到几个中断请求时，首先响应优先级最高的中断请求。

（4）当系统复位后，IP 各位均为 0，所有中断源设置为低优先级中断。若没有操作优先级寄存器，单片机会按照默认的优先级自动处理。系统默认的优先级顺序为：外部中断 0 > 定时器/计数器 0 中断 > 外部中断 1 > 定时器/计数器 1 中断 > 串行口中断。

### 6.1.4　中断处理

MCS-51 单片机中断处理过程分为三个阶段，即中断响应、中断处理和中断返回。其中中断响应由 CPU 硬件自动完成，而中断处理则由软件完成。

**1. 中断响应**

在每一个机器周期中，所有的中断源都要按照顺序检查一遍。到 S6 状态时，就查找到所有被激活的中断申请并排好优先顺序。在下一个机器周期的 S1 状态，只要不受阻断，就开始响应高级中断。

CPU 响应中断的条件有：

（1）由中断源发出中断请求。

（2）中断总允许位 EA=1，即 CPU 开中断。

（3）申请中断的中断源的中断允许位为 1，即没有被屏蔽。

以上条件满足，中断请求才可能被 CPU 响应，但在中断受阻断情况下，本次的中断请求 CPU 不会响应。

若发生下列情况，硬件将受阻，中断不会发生：

（1）正在执行同级或高优先级的中断服务程序。

（2）现在的机器周期不是执行指令的最后一个机器周期，即正在执行的指令还没完成前不响应任何中断。

（3）正在执行的是中断返回指令 RETI 或是访问专用寄存器 IE 或 IP 的指令。CPU 在执行 RETI 或读写 IE 或 IP 之后，不会马上响应中断请求，至少要再执行一条其他指令后才会响应。

若存在上述任一种情况，中断查询结果就会被取消。

**2. 中断处理**

如果中断响应条件满足，而且不存在中断受阻，CPU 将响应中断。在此情况下，CPU 首先使响应中断的"优先级激活"触发器置位，以阻断同级和低级的中断。然后根据中断源的类别，在硬件的控制下将断点压入堆栈，并将对应中断源的入口地址装入程序计数器 PC。

CPU 响应后，程序即转到中断服务程序的入口地址处，执行中断服务程序。从执行中断服务程序的第一条指令开始到执行 RETI 返回指令为止，这个过程称为中断处理或中断服务。

中断处理一般包括保护现场、处理中断源的请求及恢复现场三部分。用户在编写中断服务程序时应注意以下几点：

（1）各中断源的入口地址之间只相隔 8 个单元，一般中断服务程序是容纳不下的，因而最常用的方法是将中断服务程序放置在程序存储器的其他空间，而在中断入口矢量地址单元处存放一条无条件转移指令，转至该中断服务程序。

（2）若要在执行当前中断程序时禁止更高优先级中断，应采用软件来关闭 CPU 中断，或屏蔽更高级中断源的中断，在中断返回前再开放这些中断。

（3）主程序中通常用到 PSW、工作寄存器和特殊功能寄存器等。如果在中断服务程序中要用到这些寄存器，则在中断服务前应将它们的内容保护起来（称保护现场），同时在 RETI 指令前应恢复现场。

（4）在保护现场和恢复现场时，为了不使现场信息受到破坏或造成混乱，一般情况下，应关 CPU 中断，使 CPU 暂不响应新的中断请求。因此在编写中断服务程序时，保护现场之前要关中断，在保护现场之后若允许高优先级中断源中断它，则应开中断。同样在恢复现场之前也应关中断，恢复之后再开。

3. 中断返回

中断处理程序的最后一条指令是中断返回指令 RETI。它的功能是将断点弹出送回 PC 中，使程序返回到原来被中断的断点处，继续执行被中断的程序。

### 6.1.5  外部中断系统的应用编程

从软件角度看，中断应用包含编写中断初始化程序和中断服务程序两部分。

1. 中断初始化程序

中断初始化程序实质上就是对 TCON、SCON、IE 和 IP 寄存器的管理和控制，也即对这些寄存器的相应位进行状态设置。

初始化程序一般都包含在主程序中，根据需要通过相应语句来完成。在编写中断初始化程序时应考虑以下三个方面：

（1）对外中断源，设置中断请求的触发方式。

（2）设置中断允许控制寄存器 IE。

（3）设置中断优先级寄存器 IP。

2. 中断服务程序

中断服务程序是一种具有特定功能的独立程序段，根据中断源的具体要求进行编写。

C51 编译器允许在 C 语言源程序中声明中断和编写中断服务程序，通过使用 interrupt 关键字实现。定义中断服务程序的一般格式如下：

**void  函数名( ) interrupt n [using m]**

其中，中断号如表 6-1 所示。using m 代表使用单片机内存 4 组工作寄存器的哪一组，系统编译时自动分配，所以常省略不写。

例 6-3：利用 $\overline{\text{INT0}}$ 引入单脉冲，每来一个负脉冲，将连接到 P1 口的发光二极管循环点亮。电路如图 6-4 所示，元件清单如表 6-6 所示。

解：通过按下 K1 实现外部中断 0 的负跳沿中断，此时就将 IT0 置 1。中断一次，P1 口的发光二极管点亮一个，多次按下 K1 键实现流水灯的效果。中断函数要实现给 P1 口赋不同的值来点亮相应的发光二极管。程序流程如图 6-5 所示，仿真结果如图 6-6 所示。

```
#include <reg51.h>
#include <intrins.h>
unsigned char i=0x01;
void main(void)
{
    P1=0xff;
    EA=1;
```

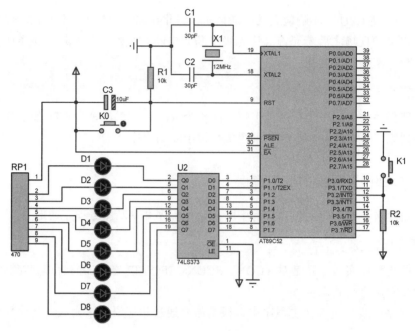

图 6-4　外部中断 0 负跳沿应用电路

表 6-6　元件清单

| 元件名称（编号） | 所属类 | 所属子类 |
|---|---|---|
| AT89C52 | Microprocessor ICs | 8051 Family |
| LED-RED（D1～D8） | Optoelectronics | LEDs |
| RES（R1、R2） | Resistors | Generic |
| CAP（C1、C2） | Capacitors | Generic |
| CAP-ELEC（C3） | Capacitors | Generic |
| BUTTON（K0、K1） | Switches and Relays | Switches |
| CRYSTAL（X1） | Miscellaneous | |
| RESPACK-8（RP1） | Resistor Packs | Resistors |
| 74LS373（U2） | TTL 74 LS Series | Flip-Flops&Latches |

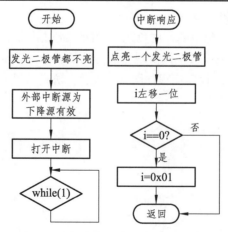

图 6-5　外部中断 0 负跳沿应用流程图

```
        EX0=1;
        IT0=1;
        while(1);
}
void tex0() interrupt 0 //外部中断 0 中断服务程序
{
        P1=~i;
        i<<=1;
        if (i==0) i=0x01;    //移位 8 次后，i 将变为 0，因此需要重新赋值
}
```

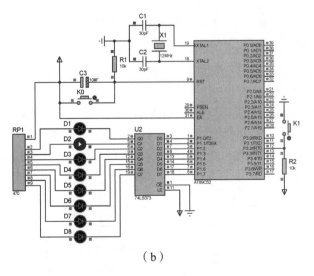

（a）

（b）

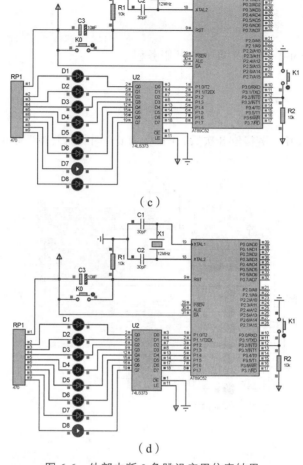

（c）

（d）

图 6-6　外部中断 0 负跳沿应用仿真结果

例 6-4：电路如图 6-6 所示，开始 P1 口的 8 只 LED 发光二极管闪烁，单片机 $\overline{\text{INT0}}$ 脚接按键 K1，当按下 K1 键 8 只 LED 以从上向下的流水灯形式循环 3 次，中断结束后回到 P1 口 8 只 LED 发光二极管闪烁状态。

解：本例通过外部中断 0 可以实现对主程序的中断。在中断没有时，主程序要实现 P1 口 8 只 LED 发光二极管闪烁；中断到来时，中断主程序去执行外部中断 0 的中断函数，当外部中断 0 的中断执行完后要返回主程序继续执行。程序流程如图 6-7 所示，仿真结果如图 6-8 所示。

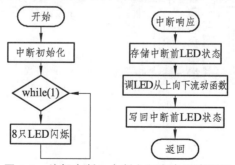

图 6-7　外部中断 0 中断主程序应用流程图

```c
#include<reg51.h>
#include<intrins.h>
#define uint unsigned int
#define uchar unsigned char
void Delay_ms(uint x) /*延时 x ms 函数*/
{
    uint i, j;
    for(i=x;i>0;i--)    // i=x,即延时 x ms, x 由实际参数传入一个值
        for(j=120;j>0;j--);       //此处分号不可少
}
void up_down(uint y)      /*一个 LED 灯从上向下循环移动 y 次函数*/
{
    uint i,j;
    for(i=0;i<y;i++)    //循环 y 次
    {
        uchar led_data=0xfe;     //给 led_data 赋初值 0xfe, 点亮最右侧第一个 LED 灯
        for(j=0;j<8;j++)     //一次左移开始
        {
            P1=led_data;    //点亮一个 LED 灯
            Delay_ms(300);       //延时 300 ms
            led_data=_crol_( led_data,1);//将 led_data 循环左移 1 位再赋值给 led_data
        }
        Delay_ms(300);       //延时 300 ms
    }
}
void main(void)
{
    IE=0x81;//允许 INT0 中断
    IP=0x00;//设定 INT0 具有低优先级
    TCON=0x01;// INT0 设为负边缘触发
    while(1)
    {
        P1=0x00; //初值灯全亮
        Delay_ms(300);       //延时 300 ms
        P1=~P1; //P1 取反，相当于 P1=0xff
        Delay_ms(300);       //延时 300 ms
    }
}
void my_int0() interrupt 0//外部中断 0 中断服务程序
```

```
{
    uint saveLED=P1;//存储中断前 LED 状态
    up_down(3); //单灯右移 3 圈
    P1=saveLED;   //写回中断前 LED 状态
}
```

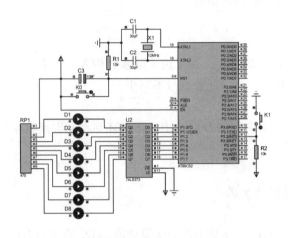

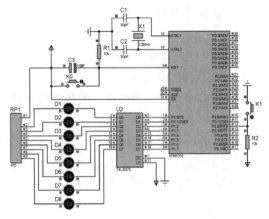

（a）闪烁状态

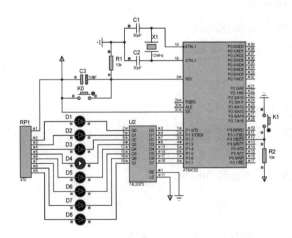

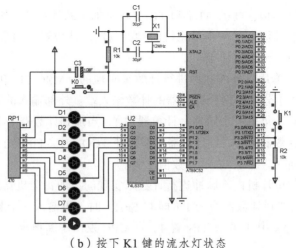

（b）按下 K1 键的流水灯状态

图 6-8  外部中断 0 中断主程序应用仿真结果

## 6.2  定时器/计数器

在实时控制系统中，常常需要实时时钟实现定时或延时，也常需要计数功能实现对外界事件的计数。定时或计数达到终点时将会产生中断。

### 6.2.1  定时器/计数器的结构与工作原理

MCS-51 单片机内有两个 16 位定时器/计数器（Timer/Counter）T0 和 T1。其结构如图 6-9 所示。

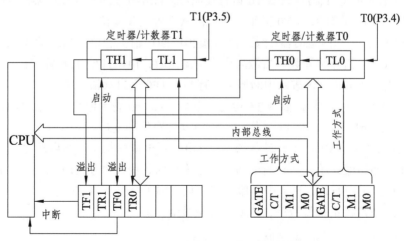

图 6-9  MSC-51 定时器/计数器结构图

它由特殊功能寄存器 TCON、TMOD 以及 T0、T1 组成。其中，TMOD 为模式控制寄存器，主要用来设置定时器/计数器的工作方式；TCON 为控制寄存器，主要用来控制定时器的启动与停止；两个 16 位的工作寄存器 T0、T1 是定时器/计数器的核心，它们均可以分成 2 个独立的 8 位计数器，即 TH0、TL0、TH1 和 TL1，均是加 1 的计数器。加 1 计数器的脉冲有两个来源，一个是外部脉冲源，另一个是系统时钟振荡器。计数器对两个脉冲源之一进行输入计数，每输入一个脉冲，计数值加 1。

计数功能是通过对单片机外部脉冲进行计数来实现的。MSC-51 单片机芯片的信号引脚 T0（P3.4）和 T1（P3.5）分别是两个计数器的计数输入端。外部输入的脉冲在负跳变时有效，供计数器进行加 1 计数。每来一个脉冲，计数器加 1，当加到计数器为全 1（即 FFFFH）时，再输入一个脉冲就使计数器回零，且计数器的溢出使 TCON 中 TF0 或 TF1 置 1，向 CPU 发出中断请求（计数器中断允许时），表示计数值已满。

定时功能是通过对单片机内部脉冲进行计数来实现的，即每个机器周期产生 1 个计数脉冲，使计数器加 1。当加到计数器为全 1（即 FFFFH）时，再输入一个脉冲就使计数器回零，且计数器的溢出使 TCON 中 TF0 或 TF1 置 1，向 CPU 发出中断请求（定时器中断允许时），表示定时时间已到。

### 6.2.2　定时器/计数器控制寄存器

1. 定时器/计数器控制寄存器 TCON

TCON 为定时器/计数器的控制寄存器，同时锁存 T0、T1 溢出中断源标志与外部中断请求标志，各位可位寻址。其格式如表 6-7 所示。

表 6-7　定时器/计数器控制寄存器 TCON 格式

| 位　　置 | D7 | D6 | D5 | D4 | D3 | D2 | D1 | D0 | 字节地址 |
|---|---|---|---|---|---|---|---|---|---|
| 位地址 | TF1 | TR1 | TF0 | TR0 | IE1 | IT1 | IE0 | IT0 | 88H |

TR0（TCON.4）：定时器/计数器 T0 运行控制位。TR0=0 表示停止定时器/计数器 T0 工作；TR0=1 表示启动定时器/计数器 T0 工作。该位由软件置位和复位。

TF0（TCON.5）：片内定时器/计数器 T0 溢出中断申请标志位。当启动 T0 计数后，定时器/计数器 T0 从初始值开始计数，当最高位产生溢出时，由硬件使 TF0 置"1"，向 CPU 申请中断。CPU 响应 T0 中断时，进入中断服务程序后，TF0 会自动清"0"。

TR1（TCON.6）：定时器/计数器 T1 运行控制位。TR1=0 表示停止定时器/计数器 T1 工作；TR1=1 表示启动定时器/计数器 T1 工作。该位由软件置位和复位。

TF1（TCON.7）：片内定时器/计数器 T1 溢出中断申请标志位。当启动 T1 计数后，定时器/计数器 T1 从初始值开始计数，当最高位产生溢出时，由硬件使 TF1 置"1"，向 CPU 申请中断。CPU 响应 T1 中断时，进入中断服务程序后，TF1 会自动清"0"。

当 MSC-51 单片机系统复位后，TCON 各位被清"0"。

2. 定时器/计数器工作模式寄存器 TMOD

TMOD 用于控制定时器/计数器的工作模式和工作方式，其字节地址为 89H，不可位寻址。其中，低 4 位用于决定 T0 的工作方式，高 4 位用于决定 T1 的工作方式，M1 和 M0 用来确定所选工作方式。其格式如表 6-8 所示。

表 6-8　定时器/计数器工作模式寄存器 TMOD 格式

| 位　置 | D7 | D6 | D5 | D4 | D3 | D2 | D1 | D0 | 字节地址 |
|---|---|---|---|---|---|---|---|---|---|
| 位地址 | GATE | C/$\overline{\text{T}}$ | M1 | M0 | GATE | C/$\overline{\text{T}}$ | M1 | M0 | 89H |

GATE：门控位。GATE=0 以运行控制位（TR0 或 TR1）启动定时器（只要用软件使 TCON 中的 TR0 或 TR1 为 1，就可以启动定时/计数器工作）；GATE=1 以外部中断请求信号（$\overline{\text{INT0}}$ 或 $\overline{\text{INT1}}$）启动定时器（要用软件使 TR0 或 TR1 为 1，同时外部中断引脚 $\overline{\text{INT0}}$ 或 $\overline{\text{INT1}}$ 也为高电平时，才能启动定时/计数器工作）。

C/$\overline{\text{T}}$：定时器模式或计数器模式选择位。当 C/$\overline{\text{T}}$=0 时，定时器/计数器被设置为定时模式，计数脉冲由内部提供，计数周期等于机器周期。当 C/$\overline{\text{T}}$=1 时，定时器/计数器被设置为计数模式，计数脉冲由外部引脚 T0（P3.4）或 T1（P3.5）引入。

M1、M0：工作方式控制位。2 位可形成 4 种编码，对应有 4 种工作方式。4 种工作方式定义如表 6-9 所示。

表 6-9　定时器/计数器的 4 种工作方式

| M1　M0 | 工作方式 | 功　　能 | 最大计数值 |
|---|---|---|---|
| 0　　0 | 方式 0 | 13 位定时器/计数器，由 THx（x=0，1）的 8 位和 TLx 的低 5 位构成 | $M=2^{13}=8\ 192$ |
| 0　　1 | 方式 1 | 16 位定时器/计数器，由 THx（x=0，1）和 TLx 构成 | $M=2^{16}=65\ 536$ |
| 1　　0 | 方式 2 | 可自动重装初值的 8 位计数器，TLx 用作计数器，THx 保存计数初值。一旦计数器溢出，初值自动装入，继续计数，重复不止 | $M=2^8=256$ |
| 1　　1 | 方式 3 | 仅适用于 T0，分为两个 8 位计数器，T1 停止计数 | $M=2^8=256$ |

例 6-5：设定时器 T0 为定时工作方式，要求用软件启动定时器 T0 工作，按方式 1 工作；定时器 T1 为计数工作方式，要求软件启动，工作方式为方式 2。TMOD 应怎样设置？

解：根据 TMOD 各位的定义可知，其控制字如表 6-10 所示。

表 6-10　TMOD 控制设置表

| D7 | D6 | D5 | D4 | D3 | D2 | D1 | D0 |
|---|---|---|---|---|---|---|---|
| GATE | C/$\overline{\text{T}}$ | M1 | M0 | GATE | C/$\overline{\text{T}}$ | M1 | M0 |
| 0 | 1 | 1 | 0 | 0 | 0 | 0 | 1 |

TMOD 各位的设置应为 01100001B，即控制字为 61H。其指令形式为 TMOD=0x61。

## 6.2.3　定时器/计数器的工作方式

当定时器/计数器为定时器工作方式时，计数器的加 1 信号由振荡器的 12 分频信号产生，即每过 1 个机器周期，计数器加 1，直至计数器溢出为止。显然，定时器的定时时间与系统振荡频率有关。当定时器/计数器为计数器工作方式时，计数脉冲来自外部输入引脚 T0 或 T1，当输入信号产生由 1 至 0 的跳变时，计数器加 1。用户通过编程专用寄存器 TMOD 中的 M1、M0 位，选择 4 种工作方式。

## 1. 方式 0

当 M1M0 为 00 时，工作于方式 0。工作方式 0 是 13 位定时器/计数器，16 位寄存器只用 13 位，其中 TLx（x=0，1）的高 3 位没用。工作方式 0 时的电路结构如图 6-10 所示。

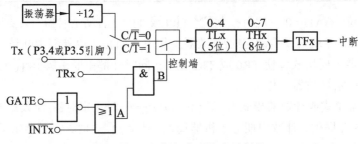

图 6-10　工作方式 0 的电路结构

GATE 位状态决定定时器的运行控制取决于 TRx（x=0，1）一个条件，还是取决于 TRx 和 $\overline{INTx}$ 引脚状态这两个条件。GATE=0 时，A 点电位恒为"1"，B 点电位仅取决于 TRx 状态；TRx=1，B 点为高电平，控制端控制电子开关闭合，允许 T0（或 T1）对脉冲计数；TRx=0，B 点为低电平，电子开关断开，禁止 T0（或 T1）计数；GATE=1 时，B 点电位由 TRx 的状态和 $\overline{INTx}$ 输入电平两个条件决定；当 TRx=1 且 $\overline{INTx}$ 时，B 点才为"1"，控制端控制电子开关闭合，允许 T0（或 T1）计数。

当 13 位计数器溢出时，TCON 的 TFx 位由硬件置"1"，同时将计数器清"0"。

当 $C/\overline{T}$=0 时，为定时工作模式，开关接到振荡器的 12 分频器输出上，计数器对机器周期脉冲计数。其定时时间计算公式为：

$$（2^{13}-定时器初值）×机器周期$$

若单片机的晶振频率为 12 MHz，则最长的定时时间为（213-0）×（1/12）×12 μs=8.191 ms。

当 $C/\overline{T}$=1 时，为计数工作模式，开关与外部引脚 T1（P3.5）接通，计数器对来自外部引脚的输入脉冲计数。当外部信号发生负跳变时计数器加 1。则计数值为：$2^{13}$-计数器初值=8 192-计数器初值。当计数器初值为 0 时，最大计数值为 8192，即计数范围为 1～8192。

在方式 0 中，计数计满溢出后，其值为 0。在循环定时或计数应用中，必须由软件反复预置计数初值。

## 2. 方式 1

当 M1M0 为 01 时，工作于方式 1。工作方式 1 是 16 位定时器/计数器。工作方式 1 时的电路结构如图 6-11 所示。

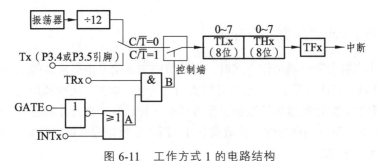

图 6-11　工作方式 1 的电路结构

方式 1 与方式 0 的区别仅仅在于计数器的位数不同。方式 1 是 16 位计数器，由 THx 高 8 位和 TLx 低 8 位构成（x=0，1）。有关控制状态位的含义（GATE、C/$\overline{\text{T}}$、TFx、TRx）与方式 0 相同。

由于定时器/计数器是 16 位的，计满为 $2^{16}-1=65\ 535$，再加 1 溢出产生中断，所以方式 1 的计数范围为：1～65 536。其定时时间计算公式为：

$$（2^{16}-定时器初值）\times 机器周期$$

若晶振频率为 12 MHz，则最长的定时时间为：

$$（216-0）\times（1/12）\times 12\ \mu s=65.536\ ms$$

在方式 1 中，计数计满溢出后，其值为 0。在循环定时或计数应用中，必须由软件反复预置计数初值。

3. 方式 2

当 M1M0 为 10 时，工作于方式 2，为 8 位定时器/计数器自动重装方式。在方式 2 中，16 位计数分成两部分，仅 TLx 作为工作寄存器，而 THx 的值在计数中保持不变。TLx 溢出时，THx 中的值将作为装载值由 CPU（硬件）自动装入 TLx 中。因此，使用时为了保证 Tx（x=0，1）首次工作也能正常运行，在初始化时 TLx、THx 均应装入相同的计数初值。工作方式 2 时的电路结构如图 6-12 所示。

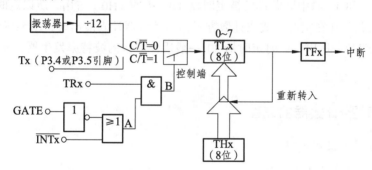

图 6-12　工作方式 2 的电路结构

除能自动加载计数器初值之外，方式 2 的其他控制方法同方式 0 类似。

用于定时工作方式时，定时时间计算公式为：

$$（2^8-定时器初值）\times 机器周期$$

用于计数工作方式时，方式 2 的计数范围为：1～256。

工作方式 2 省去了用户软件中重装初值的程序，特别适合于用作较精确的定时或计数的场合。

4. 方式 3

当 M1M0 为 11 时，工作于方式 3，是 8 位定时器/计数器。该方式只适合用于定时器 T0。工作方式 3 时的电路结构如图 6-13 所示。

当 T0 工作在方式 3 时，TH0 和 TL0 被拆成 2 个独立的 8 位计数器。此时 TL0 既可以作为定时器，也可以作为计数器使用。它占用定时器 T0 的控制位，除了它的位数为 8 位外，其功能和操作方式与方式 0 或 1 完全相同。TH0 只能作为定时器使用，并且占用定时器 T1 的控制位 TR1 和中断标志位 TF1，TH0 计数溢出时置位 TF1，且 TH0 的启动和关闭仅受 TR1 的控制。

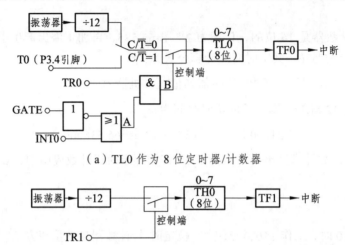

（a）TL0 作为 8 位定时器/计数器

（b）TH0 作为 8 位定时器

图 6-13　工作方式 3 的电路结构

定时器 T1 无工作方式 3，当 T0 处于方式 3 时，T1 仍可设置为方式 0、方式 1 和方式 2。但由于 TR1、TF1 和 T1 的中断源都已被定时器 T0（中的 TH0）占用，所以定时器 T1 仅有控制位 C/T 来决定其工作在定时方式或计数方式。当计数器计满溢出时，不能置位 "TF1"，而只能将输出送往串口。所以，此时定时器 T1 一般用作串口的波特率发生器，或不需要中断的场合。

### 6.2.4　定时器/计数器的编程

1. 定时器/计数器初始化

初始化程序应该完成以下工作：

（1）对 TMOD 赋值，以确定 T0 和 T1 的工作方式。

（2）计算初值，并将其写入 TH0、TL0 或 TH1、TL1。

（3）中断方式时，对 IE 赋值，开放中断。

（4）使 TR0 或 TR1 置位，启动定时计数器。

2. 定时器/计数器编程

当 T0 或 T1 工作于计数模式时，计数脉冲由外部引入，它是对外部脉冲进行计数，因此计数值应根据实际要求来确定。计数初值的计算公式为：

$$X = M - 计数值$$

其中，$X$ 为计数初值，$M$ 为最大计数值（溢出值）。

当 T0 或 T1 工作于定时模式时，由于是对机器周期进行计数，故计数值应为定时时间对应的机器周期个数。为此，应首先将定时时间转换为所需要记录的机器周期个数（计数值）。定时初值的计算公式为：

$$X=M-计数值=M-(T_c\times f_{osc})/12$$

其中，$T_c$ 为定时时间，$f_{osc}$ 为机器时钟（振荡器）的振荡频率，$M$ 为最大定时值（溢出值），$X$ 为定时初值。

例 6-6：AT89C52 单片机的 P1 口连接 74LS373 锁存器，锁存器的输出端分别连接 8 个 LED 灯，电路如图 6-14 所示。请用定时器方式 0 实现从上至下的流水灯效果（D1 向 D8 逐一点亮）。假设单片机的晶振频率为 12 MHz，流水灯间隔的时间为 300 ms。元件清单如表 6-11 所示。

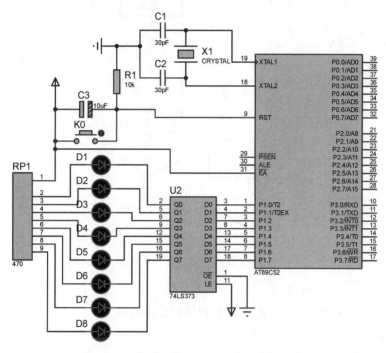

图 6-14　定时器方式 0 的流水灯电路结构

表 6-11　元件清单

| 元件名称（编号） | 所属类 | 所属子类 |
| --- | --- | --- |
| AT89C52 | Microprocessor ICs | 8051 Family |
| LED-RED（D1～D8） | Optoelectronics | LEDs |
| RES（R1） | Resistors | Generic |
| CAP（C1、C2） | Capacitors | Generic |
| CAP-ELEC（C3） | Capacitors | Generic |
| BUTTON（K0） | Switches and Relays | Switches |
| CRYSTAL（X1） | Miscellaneous | |
| RESPACK-8（RP1） | Resistor Packs | Resistors |
| 74LS373（U2） | TTL 74 LS Series | Flip-Flops&Latches |

解：由于采用 12 MHz 的晶振，因此单片机的机器周期为 12÷12 MHz=1 μs。而定时器方式 0 下最大时间可以定义为 8 ms，300 ms 需要多次循环定时才能实现。为了方便计算，选择定时 6 ms，用一个变量对 6 ms 定时进行一次计数，共计数 300÷6=50 次。定时时间=6 ms=

$6 \times 10^{-3} = (2^{13} - X) \times 1 \times 10^{-6}$，得 $X=2192$；TH0=2192/32=0x44；TL0=2192%32=0x10。采用中断方式的流程图如图 6-15 所示，仿真结果如图 6-16 所示。

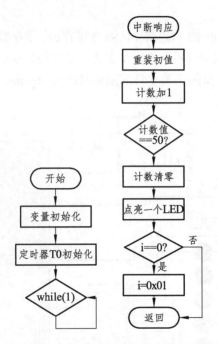

图 6-15　定时器方式 0 的流水灯中断方式流程图

```
#include "reg51.h"          //头文件
unsigned char i=0x01,cont=0;     //预置 LED 灯初值和计数初值
void main(void)
{
    P1=0xff;   //开始 8 个 LED 灯都不亮
    TMOD=0x00;   //定时器 T0 方式 0
    TH0=0x44;
    TL0=0x10;   //给定时器 T0 装初值
    TR0=1;     //开启定时器 T0
    ET0=1;     //开定时器 T0 中断
    EA=1;     //开总中断
    while(1);   //等待中断
}
void X0_ISR(void) interrupt 1 /*定时器 T0 中断服务程序*/
{
        TH0=0x44;
        TL0=0x10;   //给定时定时器 T0 重装初值
        cont++;   //6 ms 定时一到，cont 计数加 1
        if(cont==50)   // 如果 cont 计数到 50，也就是到 300 ms
```

{

    cont=0;　//cont 清零

    P1=~i;　//给 P1 口送数据，控制相应的 LED 点亮

    i<<=1;　//i 左移一位，为点亮下一个 LED 做准备

    if (i==0) i=0x01;　//当 i 为 0 时恢复为初始值

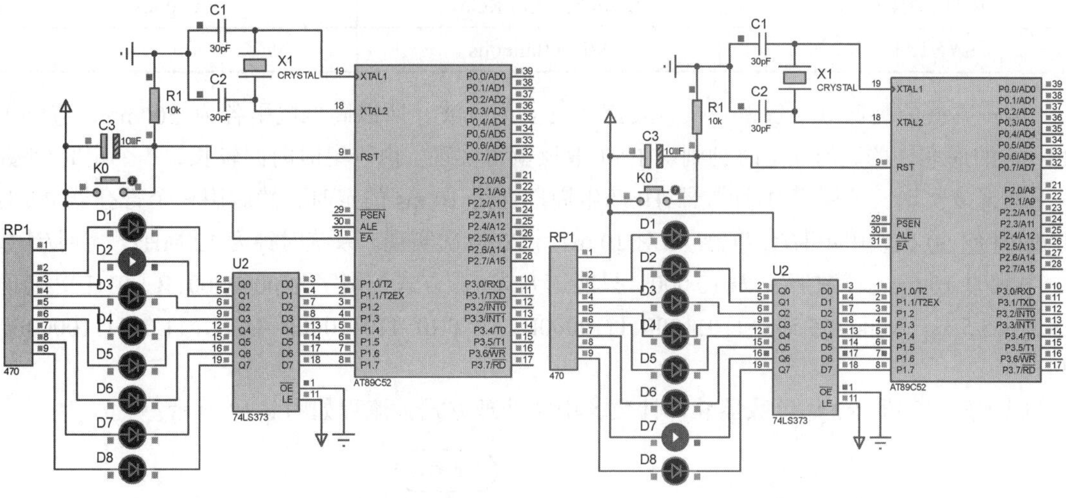

    }

}

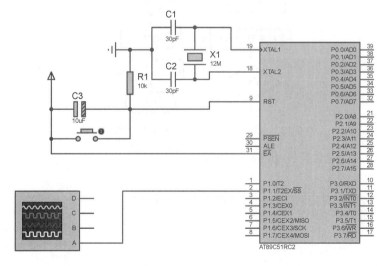

（a）　（b）

图 6-16　定时器方式 0 的流水灯查询方式流程图

例 6-7：系统时钟频率为 12 MHz，编程实现从 P1.1 输出周期为 1 s 的方波。仿真电路如图 6-17 所示，元件清单如表 6-12 所示。

图 6-17　定时器方式 1 产生 1 s 方波仿真电路

表 6-12　元件清单

| 元件名称（编号） | 所属类 | 所属子类 |
|---|---|---|
| AT89C52 | Microprocessor ICs | 8051 Family |
| LED-RED（D1～D8） | Optoelectronics | LEDs |
| RES（R1） | Resistors | Generic |
| CAP（C1、C2） | Capacitors | Generic |
| CAP-ELEC（C3） | Capacitors | Generic |
| BUTTON（K0） | Switches and Relays | Switches |
| CRYSTAL（X1） | Miscellaneous | |

解：方波的高低电平各占一半，要产生 1 s 的方波，所以高低电平各为 500 ms，应产生 500 ms 的周期性的定时，定时到则对 P1.1 取反就可实现。由于定时时间较长，一个定时/计数器不能直接实现，可用定时/计数器 T0 产生周期性为 10 ms 的定时，然后用一个寄存器 R2 对 10 ms 计数 50 次或用定时/计数器 T1 对 10 ms 计数 50 次实现。系统时钟为 12 MHz，定时/计数器 T0 定时 10 ms，计数值 $N$ 为 10 000，只能选方式 1，方式控制字为 00000001B（01H），初值 X：X=65 536−10 000=55 536=1101100011110000B，则 TH0=11011000B=D8H，TL0=11110000B= F0H。

（1）用寄存器 R2 做计数器软件计数，中断处理方式，流程如图 6-18 所示。

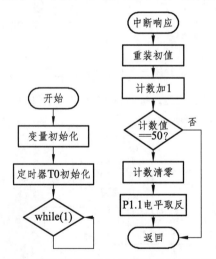

图 6-18　寄存器 R2 做计数器软件计数流程图

```
# include <reg51.h>   //包含特殊功能寄存器库
sbit P1_1=P1^1;
unsigned char i=0;//用来对定时 10 ms 时间的次数进行计数
void main()
{
    TMOD=0x01;
    TH0=0xD8;TL0=0xf0;
    EA=1;
```

```
        ET0=1;
        TR0=1;
        while(1);
}
void time0_int(void)    interrupt 1        //中断服务程序
{
        TH0=0xD8;TL0=0xf0;
        i++;
        if (i==50)    {P1_1=! P1_1;i=0;}//定时时间到，P1.1 脚电平取反
}
```

（2）用定时/计数器 T1 计数实现。定时/计数器 T1 工作于计数方式时，计数脉冲通过 T1（P3.5）输入，设定时/计数器 T0 定时时间到就对 T1（P3.5）取反一次，则 T1（P3.5）每 20 ms 产生一个计数脉冲，那么定时 500 ms 只需计数 25 次，设定时/计数器 T1 工作于方式 2，初值 $X$=256-25=231=11100111B=E7H，TH1=TL1=E7H。因为定时/计数器 T0 工作于方式 1 定时，定时/计数器 T1 工作于方式 2 计数，这时方式控制字为 01100001B（61H）。定时/计数器 T0 和 T1 都采用中断方式工作。其流程如图 6-19 所示。

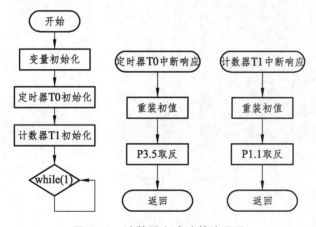

图 6-19　计数器方式计数流程图

```
# include <reg51.h>    //包含特殊功能寄存器库
sbit P1_1=P1^1;
sbit P3_5=P3^5;
void main()
{
        TMOD=0x61;
        TH0=0xD8;TL0=0xf0;
        TH1=0xE7; TL1=0xE7;
        EA=1;
        ET0=1;ET1=1;
```

```
    TR0=1;TR1=1;
    while(1);
}
void time0_int(void) interrupt 1     //T0 中断服务程序
{
    TH0=0xD8;TL0=0xf0;
    P3_5=!P3_5;
}
void time1_int(void) interrupt 3     //T1 中断服务程序
{
    P1_1=! P1_1;
}
```

其仿真波形如图 6-20 所示。

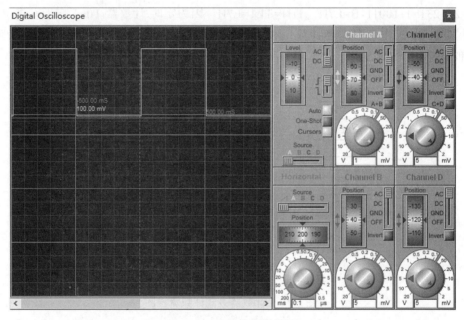

图 6-20　电路仿真波形图

## 6.3　中断、定时器/计数器应用

例 6-8：按键 K1 接 $\overline{INT0}$ 脚、按键 K2 接 $\overline{INT1}$ 脚，电路如图 6-21 所示。通电后，P1 口的 8 只 LED 灯全灯闪烁；当按下 P3.3 引脚上的按键 K2 时，产生一个低优先级外部中断 1（跳沿触发），P1 口外接的 LED 灯产生从下向上的流水灯效果（一个个 LED 灯依次点亮的流水灯），循环 3 次后恢复全亮闪烁；若在外部中断 1 执行期间，按下 P3.2 引脚上的按键 K1，执行一个高优先级外部中断 0（跳沿触发），P1 口外接的 LED 灯产生从上向下的流水灯效果，循环 3 次后从外部中断 0 的中断服务程序返回继续执行。

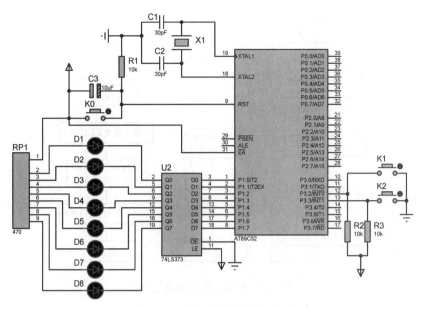

图 6-21　外部中断的嵌套电路

表 6-13　元件清单

| 元件名称（编号） | 所属类 | 所属子类 |
|---|---|---|
| AT89C52 | Microprocessor ICs | 8051 Family |
| LED-RED（D1～D8） | Optoelectronics | LEDs |
| RES（R1、R2、R3） | Resistors | Generic |
| CAP（C1、C2） | Capacitors | Generic |
| CAP-ELEC（C3） | Capacitors | Generic |
| BUTTON（K0、K1、K2） | Switches and Relays | Switches |
| CRYSTAL（X1） | Miscellaneous | |
| RESPACK-8（RP1） | Resistor Packs | Resistors |
| 74LS373（U2） | TTL 74 LS Seriers | Flip-Flops&Latches |

解：这里牵涉外部中断的优先级处理，尽管外部中断 $\overline{INT0}$ 的自然优先级比外部中断 $\overline{INT1}$ 高（自然优先级下二者属于优先级同级），但是当外部中断 $\overline{INT1}$ 已经在执行的情况下，外部中断 $\overline{INT0}$ 是不能去中断外部中断 $\overline{INT1}$ 的执行。要能中断外部中断 $\overline{INT1}$ 的执行，必须将外部中断 $\overline{INT0}$ 的优先级设置成高级优先级，才能实现题目的要求。其次，这里的跳沿触发就是下降沿触发。开始 P1 口的 8 只 LED 灯全灯闪烁，这个是在主程序中执行的，按下 K1、K2 执行的是中断处理程序。对于中断前的状态是否要保存，要根据具体情况而定。程序流程如图 6-22 所示，仿真结果如图 6-23 所示。

#include<reg51.h>

#include<intrins.h>

#define uint unsigned int

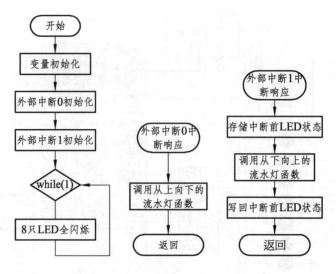

图 6-22　外部中断的嵌套流程图

```
#define uchar unsigned char
/********以下是延时函数********/
void Delay_ms(uint x)              /*延时 x ms 函数*/
{
    uint i, j;
    for(i=x;i>0;i--)              // i=x,即延时 x ms, x 由实际参数传入一个值
        for(j=115;j>0;j--);      //此处分号不可少
}
void up_down(uint x)              /*单灯从上向下移函数*/
{
    uint i,j;
    for(i=0;i<x;i++)
    {
        uchar led_data=0xfe;              //给 led_data 赋初值 0xfe, 点亮最上面第一个 LED 灯
        for(j=0;j<8;j++)                  //一次左移开始
        {
            P1=led_data;                  //点亮最上面第一个 LED 灯
            Delay_ms(300);                //延时 300 ms
            led_data=_crol_( led_data,1); //将 led_data 循环左移 1 位再赋值给 led_data
        } //j 循环结束
        Delay_ms(300);                    //延时 300 ms

    }//i 循环结束
}
void down_up(uint x)    /*单灯从下向上移函数*/
```

```
{   uint i,j;
    for(i=0;i<x;i++)
    {
        uchar led_data=0x7f;                //给 led_data 赋初值 0x7f，点亮最下面第一个 LED 灯
        for(j=0;j<8;j++)                    //一次右移开始
        {
            P1=led_data;                    //点亮最下面第一个 LED 灯
            Delay_ms(300);                  //延时 300 ms
            led_data=_cror_(led_data,1);    //将 led_data 循环右移 1 位再赋值给 led_data
        }   //j 循环结束
        Delay_ms(300);                      //延时 300 ms
    }//i 循环结束
}
void main()
{
    IE=0x85;//允许 INT0、INT1 中断
    IP=0x01;//设定 INT0 具有最高优先级
    TCON=0x05;// INT0、INT1 设为负边缘触发
    while(1)
    {
        P1=0x00; //初值灯全亮
        Delay_ms(300);      //延时 500 ms
        P1=~P1; //P1 取反
        Delay_ms(300);      //延时 500 ms
    }
}
void my_int0() interrupt 0
{
    up_down(3); //单灯从上向下依次点亮，循环 3 圈
}
void my_int1() interrupt 2
{
    uint saveLED=P1;//存储中断前 LED 状态
    down_up(3); //单灯从下向上依次点亮，循环 3 圈
    P1=saveLED;    //写回中断前 LED 状态
}
```

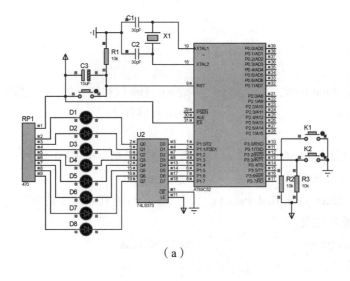

( a )

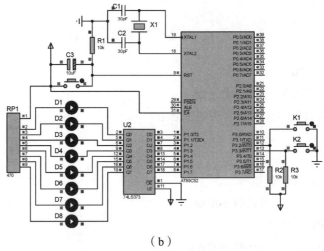

( b )

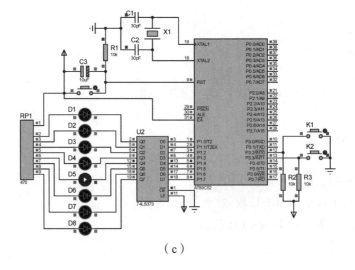

( c )

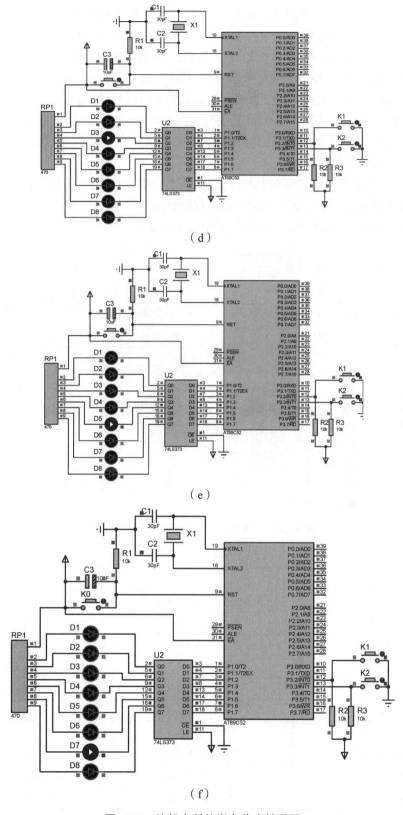

（d）

（e）

（f）

图 6-23　外部中断的嵌套仿真结果图

图 6-23（a）、（b）为 8 灯闪烁，图（c）、（d）为 K2 按下时 LED 灯从下向上依次点亮，循环 3 次，图（e）、（f）为 K1 按下时 LED 灯从上向下依次点亮，循环 3 次。

例 6-9：设计一采用中断扫描方式的独立式键盘，只有在键盘有按键按下时，才进行处理，接口电路如图 6-24 所示。单片机与 4 个独立按键 k1～k4 及 8 个 LED 指示连接，4 个按键接在 P2.0～P2.3 引脚，P1 口接 8 个 LED 指示灯，控制 LED 指示灯亮与灭。按下 K1 键时，P1 口 8 个 LED 正向（由上至下）流水点亮；按下 K2 键时，P1 口 8 个 LED 反向（由下而上）流水点亮；按下 K3 键时，P1 口 8 个 LED 编号为奇数与偶数的 LED 指示灯交替点亮；按下 K4 键，P1 口 8 个 LED 闪烁点亮。

解：k1～k4 按下都要引起外部中断，要确定是哪个按键按下产生的中断，就要对 4 个按键所连接的单片机引脚进行高低电平的判断可以随意按下 4 个按键中任一个，没有先后顺序的问题。程序流程如图 6-25 所示，仿真结果如图 6-26 所示。

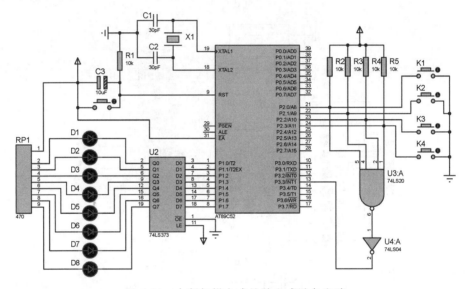

图 6-24　中断扫描方式的独立式键盘电路

表 6-14　元件清单

| 元件名称（编号） | 所属类 | 所属子类 |
|---|---|---|
| AT89C52 | Microprocessor ICs | 8051 Family |
| LED-RED（D1-D8） | Optoelectronics | LEDs |
| RES（R1~R5） | Resistors | Generic |
| CAP（C1、C2） | Capacitors | Generic |
| CAP-ELEC（C3） | Capacitors | Generic |
| BUTTON（K0、K1~K4） | Switches and Relays | Switches |
| CRYSTAL（X1） | Miscellaneous | |
| RESPACK-8（RP1） | Resistor Packs | Resistors |
| 74LS373（U2） | TTL 74 LS Seriers | Flip-Flops&Latches |
| 74LS20、74LS04 | TTL 74 LS Seriers | Gates&Inverters |

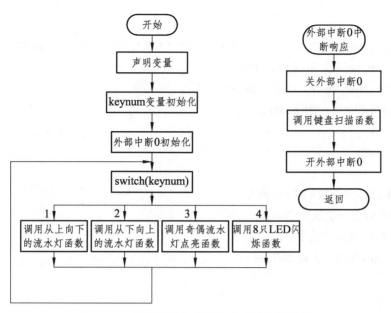

图 6-25 中断扫描方式的独立式键盘流程图

```c
#include<reg51.h>
#include<intrins.h>
#define uchar unsigned char
sbit k1=P2^0;   //位定义 k1 按键
sbit k2=P2^1;   //位定义 k2 按键
sbit k3=P2^2;   //位定义 k3 按键
sbit k4=P2^3;   //位定义 k4 按键
uchar num=0;   //定义不同按键的按键值
void scankey(void);    //声明按键检测函数
void delay1ms(uchar z)   //延时 1 ms 函数
{
    uchar x,y;
    for(x=z;x>0;x--)
        for(y=120;y>0;y--);
}
void up_down(void)
{
    static uchar temp=0xfe;//定义点亮最上面一个 LED 灯初值，防止 temp 值丢失
        P1=temp; //点亮相应的 LED 灯
        temp=_crol_(temp,1);//左移一位
        delay1ms(200);      //延时 200 ms
}
void down_up(void)
```

```c
{
    static uchar temp1=0x7f; //定义点亮最下面一个 LED 灯初值，防止 temp 值丢失
    P1=temp1; //点亮相应的 LED 灯
    temp1=_cror_(temp1,1); //右移一位
    delay1ms(200); //延时 200 ms
}
void odd_even(void)
{
    P1=0x55;//为奇数的 LED 点亮
    delay1ms(200);//延时 200 ms
    P1=~P1;//为偶数的 LED 点亮
    delay1ms(200);//延时 200 ms
}
void flash8(void)
{
    P1=0x00;//8 个 LED 全亮
    delay1ms(200);//延时 200 ms
    P1=~P1;//8 个 LED 全部熄灭
    delay1ms(200);//延时 200 ms
}
void main(void)
{
    IT1=1;
    EX1=1;
    EA=1;
    P1=0xff;//开始所有 LED 灯不亮
    while(1)
    {
        switch(num)
        {
            case 1:up_down();break;      //num 为 1，执行从上向下循环函数
            case 2:down_up();break;      //num 为 2，执行从下向上循环函数
            case 3:odd_even();break;    //num 为 3，执行奇偶交替点亮函数
            case 4:flash8();break;       //num 为 4，执行 8 灯闪烁函数
            default:break;               //num 为其他值就退出
        }
    }
}
void ext1() interrupt 2 using 2
```

```c
{
    EX1=0;        //关中断
    scankey();    //调按键检测函数
    EX1=1;        //开中断
}
void scankey(void)
{
    if(k1==0)//k1 按下
    {
        delay1ms(10);//延时 10 ms
        if(k1==0)//确定 K1 按下
        {
            num=1;//k1 按下状态值
        }
        while(k1==0);//k1 未释放一直等待，直到释放才退出
    }
    if(k2==0)//k2 按下
    {
        delay1ms(10);//延时 10 ms
        if(k2==0)//确定 K2 按下
        {
            num=2;//k2 按下状态值
        }
        while(k2==0);//k2 未释放一直等待，直到释放才退出
    }
    if(k3==0)//k3 按下
    {
        delay1ms(10);//延时 10 ms
        if(k3==0)//确定 K3 按下
        {
            num=3;//K3 按下状态值
        }
        while(k3==0);//K3 未释放一直等待，直到释放才退出
    }
    if(k4==0)//K4 按下
    {
        delay1ms(10);//延时 10 ms
        if(k4==0)//确定 K4 按下
        {
```

num=4;//K4 按下状态值
}
while(k4==0);//K4 未释放一直等待，直到释放才退出
}
}

（a）

（b）

（c）

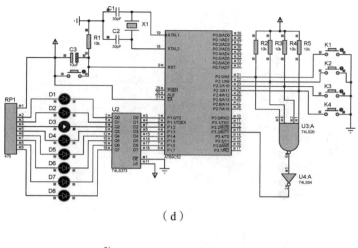

（d）

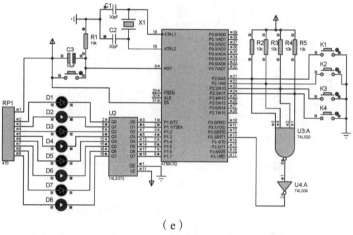

（e）

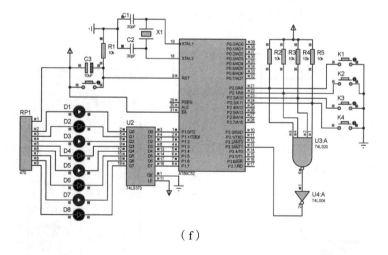

（f）

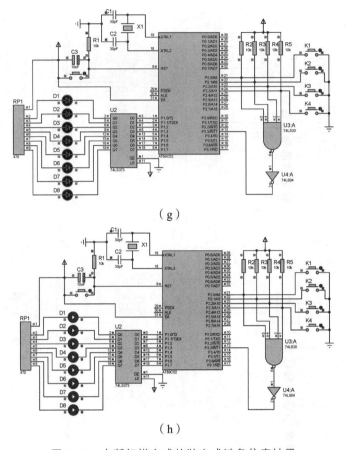

（g）

（h）

图 6-26　中断扫描方式的独立式键盘仿真结果

例 6-10：采用 12 MHz 晶振，在 P1.0 脚上输出周期为 2 s、占空比为 40%的脉冲信号。仿真电路如图 6-27 所示，元件清单如表 6-15 所示。

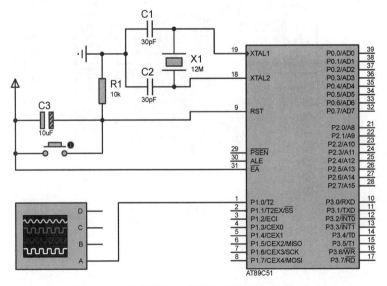

图 6-27　占空比 40%的脉冲信号仿真电路图

表 6-15　元件清单

| 元件名称（编号） | 所属类 | 所属子类 |
|---|---|---|
| AT89C52 | Microprocessor ICs | 8051 Family |
| RES（R1） | Resistors | Generic |
| CAP（C1、C2） | Capacitors | Generic |
| CAP-ELEC（C3） | Capacitors | Generic |
| BUTTON（K0） | Switches and Relays | Switches |
| CRYSTAL（X1） | Miscellaneous | |

解：占空比是指在一串理想的脉冲周期序列中，正脉冲的持续时间与脉冲总周期的比值。对于 12 MHz 晶振，取 50 ms 定时，则周期为 2 s，需 40 次中断，要使占空比为 40%，高电平应为 16 次中断，低电平为 24 次中断。程序流程如图 6-28 所示，仿真结果如图 6-29 所示。

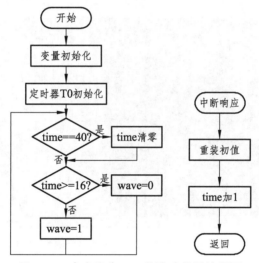

图 6-28　占空比为 40%的脉冲信号流程图

```
#include<reg51.h>
#define uchar unsigned char
uchar time;
sbit    wave=P1^0;    //位定义引脚
void main()
{
    TMOD=0x01;                   //定时器 T0 方式 1
    TH0=(65536-50000)/256;       //定时 50 ms 的初值
    TL0=(65536-50000)%256;
    EA=1;          //开启总中断
    ET0=1;         //开启定时器 T0 中断
    TR0=1;         //启动定时器 T0
    wave=1;        //开始脉冲信号电平为高电平
    while(1)
```

```
    {
        if(time==40)   time=0;        //计满 40 次，计数器清零
        if(time>=16)   wave=0;        //中断次数大于等于 16 次，脉冲信号电平为低电平
        else   wave=1;                //小于 16 次，脉冲信号电平为高电平
    }
}
void time0()interrupt 1      //定时器 T0 的中断函数
{
    TH0=(65536-50000)/256;        //重装初值
    TL0=(65536-50000)%256;
    time++;                       //计数器加 1
}
```

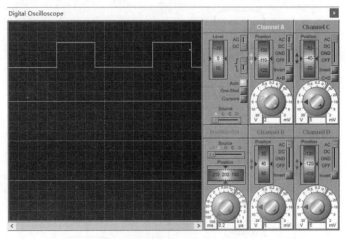

图 6-29   占空比 40%的脉冲信号仿真结果图

例 6-11：设计一个用数码管显示的一个跑表，电路如图 6-30 所示。跑表在 0.0～59.9 s 之间运行，用三个独立键盘实现如下功能：开始显示 0.0；按下第一个按键 K1，计时开始且蜂鸣器响三声；按下第二个按键 K2，计时暂停；按下第三个按键 K3，计数值清零。元件清单如表 6-16 所示。

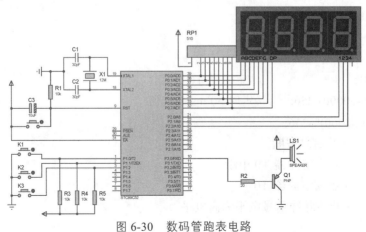

图 6-30   数码管跑表电路

表 6-16　元件清单

| 元件名称（编号） | 所属类 | 所属子类 |
|---|---|---|
| 80C51 | Microprocessor ICs | 8051 Family |
| 7SEG-MPX4-CC | Optoelectronics | 7-Segment Displays |
| RES（R1~R5） | Resistors | Generic |
| CAP（C1、C2） | Capacitors | Generic |
| CAP-ELEC（C3） | Capacitors | Generic |
| BUTTON（K1~K3） | Switches and Relays | Switches |
| CRYSTAL（X1） | Miscellaneous | |
| RESPACK-8（RP1） | Resistor Packs | Resistors |
| SPEAKER（LS1） | Speakers&Sounders | |
| PNP（Q1） | Transistors | Generic |

解：根据题意，以 0.1 s 为一个单位计数，所以计数就变成了从 0 开始到 599 结束，这样可以减少变量的定义。还要注意小数点显示的位置，在秒的个位才有小数点，其他位置没有。对于数码管的显示，这里采用定时器的方式来实现动态扫描，即 2 ms 一到，数码管显示一位。计时的启动与暂停可以通过 TR0 或 TR1 来实现，计数值清零通过作为时间计数的定时器清零来实现。程序流程如图 6-31 所示，仿真结果如图 6-32 所示。

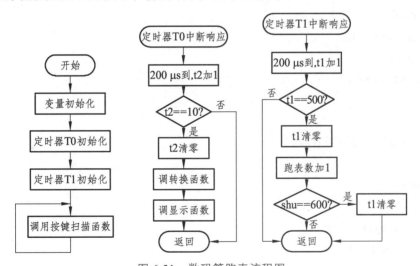

图 6-31　数码管跑表流程图

```
#include<reg51.h>
#include <intrins.h>
#define uint unsigned int
#define uchar unsigned char
sbit deep=P3^0;
sbit k1=P1^0;
sbit k2=P1^1;
```

```
sbit k3=P1^2;
uchar code weicom[3]={0xfe,0xfd,0xfb};    //定义数码管的位
uchar code table[]={0x3f,0x06,0x5b,0x4f,0x66,0x6d,0x7d,0x07,0x7f,0x6f,0};
uchar distemp[3]={10,0,0}; //显示暂存数组，秒的十位开始为 0，不显示
uint t1=0,t2=0,shu=0;    //t1 为定时器 T0 的计数，t2 为定时器 T1 的计数，shu 为跑表的计数
void init(void);
void display(void);
void delay1ms(uchar z)    //延时 1 ms 函数
{
    uchar x,y;
    for(x=z;x>0;x--)
        for(y=120;y>0;y--);
}
void FMQ(void) //蜂鸣器响三声函数
{
    uchar j=0;
    for(j=0;j<3;j++)
    {
        deep=0;
        delay1ms(100);
        deep=1;
        delay1ms(100);
    }
}
void keyscan(void)    //按键扫描函数
{
    if(k1==0)
        {
            delay1ms(10);
            if(k1==0)
            {
                while(!k1);
                TR1=1;   //启动定时器 T1
                FMQ();   //调蜂鸣器响三声函数
            }
        }
    if(k2==0)
        {
            delay1ms(10);
```

```c
                if(k2==0)
                {
                    while(!k2);
                    TR1=0;   //暂停定时器 T1
                }
            }
        if(k3==0)
            {
                delay1ms(10);
                if(k3==0)
                {
                    while(!k3);
                    TR1=0; //暂停定时器 T1
                    t1=0;   //清零时对定时器 1 的计数也要清零，保证下次跑表计数准确
                    shu=0; //跑表清零
                }
            }
    }
}
void conv(uint num)
{
        if(num<100) distemp[0]=10;   //若秒的十位是 0 就不显示
        else distemp[0]=num/100;   //若秒的十位不是 0 就正常显示
        distemp[1]=num%100/10;   //秒个位
        distemp[2]=num%10;          //0.1 秒位
}
void display(void)      //数码管显示函数
{
    static uchar i=0;   //定义为静态变量，保证下次调用时 i 的值不会丢失
    P2=weicom[i];   //打开数码管的位选
    if(i==1) P0=table[distemp[i]]+0x80;//秒的个位有小数点显示
    else P0=table[distemp[i]];   //其他位只显示数字
    i++;               //为下一位数码管的显示做准备
    if(i==3) i=0;   //总共只有三位数码管
}
void main()
{
    init();        //调定时器初始化函数
    while(1)
```

```c
    {
        keyscan();    //调按键扫描函数
    }
}
void init()            //定时器初始化函数
{
    TMOD=0x22;     //定时器 0、1 都采用方式 2
    TH0=56;        //定时 200 μs 初值
    TL0=56;        //定时 200 μs 初值
    ET0=1;         //开启定时器 T0 中断
    TR0=1;         //启动定时器 T0
    TH1=56;        //定时 200 μs 初值
    TL1=56;        //定时 200 μs 初值
    ET1=1;         //开启定时器 T1 中断
    TR1=0;         //开始显示 00.0,定时器 1 不开启
    EA=1;          //开启总中断
}
void timer1() interrupt 3        //定时器 T1 中断函数
{
    t1++;
    if(t1==500) //100 ms 到
    {
        t1=0; //清零
        shu++; //跑表数加一次
        if(shu==600)   shu=0; //60 s 时回到 0
    }
}
void timer0() interrupt 1    //定时器 T0 中断函数
{
    t2++;
    if(t2==10)
    {
        t2=0;//2 ms 到就显示刷新一次
        conv(shu);    //调转换函数
        display();    //调显示函数
    }
}
```

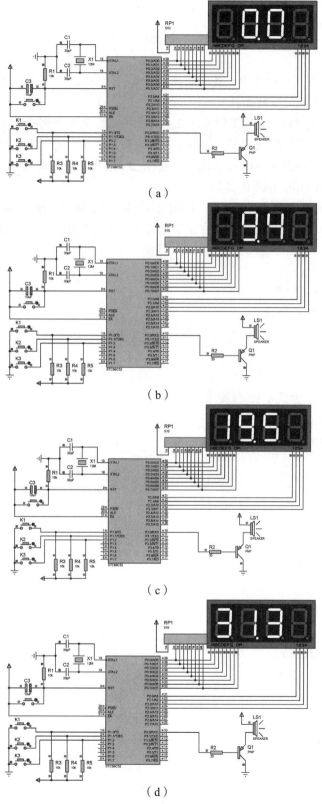

图 6-32　数码管跑表仿真结果

# 习题

1. 8051 单片机有几个中断源？各中断标志是如何产生的，又是如何复位的？

2. 中断响应需要满足哪些条件？

3. 定时器/计数器 T1、T0 的工作方式 2 有什么特点？适用于哪些应用场合？

4. 一个定时器的定时时间有限，如何用两个定时器的串行定时来实现较长时间的定时？

5. 设系统时钟频率为 12 MHz，利用定时器/计数器 T0 编程实现从 P1.0 输出周期为 20 ms 的方波。设计电路并用 Proteus 仿真。

6. 已知 STC89C51 的 $f_{osc}$=12 MHz，用定时/计数器 T1 编程实现 P1.0 和 P1.1 引脚上分别输出周期为 2 ms 和 500 μs 的方波，请在横线上填上合适的代码，每一个横线上只能填写一个语句。

```
#include<reg51,h>
sbit wave1=P1^0;//2 ms 方波
sbit wave2=P1^1;//500 μs 方波
unsigned char i;
void main(void)
{
    TMOD=0x10;//T1 方式 1
    TH1=(65536-250)/256 ;
    TL1=(65536-250)%256 ;
    IE=0x00;
    ET1=1;
    EA=1 ;
    TR1=1;
    i=0;
    while(1);
}
void int1() interrupt 3
{
    TH1=(65536-250)/256 ;
    TL1=(65536-250)%256 ;
    TF1=0;
    _____ ;
    i++;
    if(i== 4)
    {
        _____ ;
```

186

```
        i=0;
    }
}
```

7. 请用一片 8051 单片机和一个三位数码管显示一个跑表，运行范围为 000 ~ 999。开始正常显示，当按下 K1 键时，跑表停止；按下 K2 键时，跑表继续运行；按下 K3 键时，跑表清零，显示 000。用定时器实现并完成程序，设计电路并用 Proteus 仿真。

8. 8051 单片机外拉 6 MHz 的晶振，在 P1.2 口输出 500 Hz 的方波。设计电路并用 Proteus 仿真。

9. 采用 12 MHz 晶振，在 P1.0 脚上输出周期为 1 s、占空比为 30% 的脉冲信号。设计电路并用 Proteus 仿真。

10. 设计一个倒计时秒表，时间从 10.0 s 开始，按 0.1 s 间隔倒计时，当时间为 0.0 s 时，停止计时，P1.2 口的 LED 灯一直闪烁。第一行显示"Stopwatch timer"，第二行开始显示"*****10.0*****"（中间的数字"10.0"是不断变化的），用 Proteus 仿真，仿真电路如图 6-33 所示。

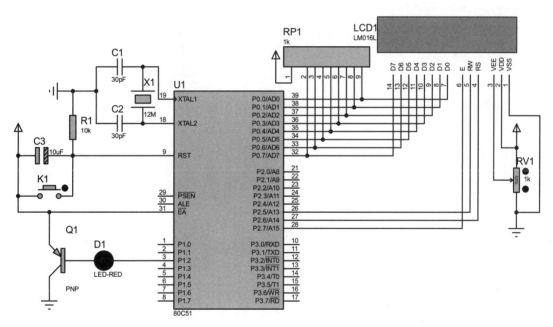

图 6-33　习题 10 图

第七章

串行口通信
原理及应用

## 7.1 串行通信概述

中央处理器（CPU）与外界的信息交换（或数据传送）过程称为通信。基本的通信方式有并行通信和串行通信两种。所传送数据的各位同时发送或接收，称为并行通信，如图 7-1 所示。其优点是传送速度快，缺点是占用数据线多，有多少数据就需要多少根传输线，成本高，适用于近距离传送信息，一般通信距离应小于 30 m。所传送数据的各位按顺序一位一位地发送或接收，称为串行通信，如图 7-2 所示。计算机与外界的通信大多数是串行的，串行通信的距离可以从几米到几千米，最少只需要一根传输线就可以完成，成本低。

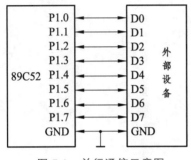

图 7-1　并行通信示意图

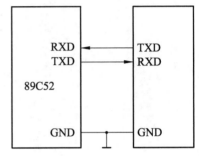

图 7-2　串行通信示意图

### 7.1.1 串行通信线路形式

串行通信中数据是在两个站之间进行传送的，按照数据传送方向，串行通信可分为单工、半双工、全双工 3 种方式。

（1）单工是指数据只能向一个方向传输，不能实现反向传输。通信线的一端是发送器，一端是接收器。

（2）半双工是指数据传输可以沿两个方向进行，但需要分时进行。系统的每个通信设备都由一个发送器和一个接收器组成，但同一时刻只能有一个站发送，一个站接收，即两个方向上的数据传送不能同时进行，即只能一端发送，一端接收。

（3）全双工是指数据可以同时双向传输，同时发送和接收数据。通信系统的每端都有发送器和接收器，可以同时发送和接收，即数据可以在两个方向上同时传送。

### 7.1.2 异步通信和同步通信

按照时钟控制方式，串行通信有两种基本方式，即同步通信方式和异步通信方式。

1. 异步通信

异步通信是指通信的发送与接收设备使用各自的时钟控制数据的发送和接收过程。为使双方的收发协调，要求发送和接收设备的时钟尽可能一致。数据通常是以字符为单位组成字符帧传送的。字符帧由发送端一帧一帧地发送，每一帧数据都是低位在前，高位在后，通过传输线被接收端一帧一帧地接收。发送端和接收端可以由各自独立的时钟来控制数据的发送和接收，这两个时钟彼此独立，互不同步。在通信过程中，接收方是依靠字符帧格式来判断发送方是何时开始发送以及何时结束发送的，因此，字符帧格式是异步通信的一个重要指标。典型异步通信数据格式如图 7-3 所示。

图 7-3　异步通信数据格式

字符帧也叫数据帧，由起始位、数据位、奇偶校验位和停止位四部分组成。

（1）起始位：位于字符帧开头，为逻辑 0 电平，只占 1 位，是用于向接收设备表示发送端开始发送的控制位。

（2）数据位：紧跟起始位之后，是通信双方传输的有效数据，可以是 8 位、7 位、6 位或 5 位，低位在前，高位在后。

（3）奇偶校验位：（可选）位于数据位之后，仅占一位，用来表征串行通信中采用奇校验还是偶校验。此位由用户编程决定。

奇校验：数据位和奇偶校验位中 1 的个数是奇数；偶校验：数据位和奇偶校验位中 1 的个数是偶数。

（4）停止位：位于字符帧最后，为逻辑 1 电平。通常可为 1 位、1.5 位或 2 位，用于向接收设备表示一帧数据已经发送完，也为发送下一帧数据做准备。

在串行通信中，发送端一帧一帧发送信息，接收端一帧一帧接收信息。两个相邻字符之间可以无空闲位，也可以有若干空闲位，这由用户根据需要决定。这种方式的优点是数据传送的可靠性较高，能及时发现错误；缺点是通信效率较低。

2. 同步通信

同步通信是一种连续串行传送数据的方式。在同步通信方式中，发送方和接收方由同一个时钟源控制（通常由发送方建立时钟对接收方进行时钟控制），从而使双方达到完全同步。

在同步通信中，一次通信只传输一帧信息。发送方在数据或字符开始处就用同步字符（一种特定的二进制序列）指示一帧的开始，由时钟来实现发送端和接收端同步，接收方一旦检测到与规定的同步字符符合，下面就连续按顺序传送若干个数据，最后发校验字节。在同步通信中，同步字符可以采用统一的标准格式，也可以由用户约定。同步通信格式如图 7-4 所示。

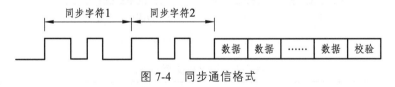

图 7-4　同步通信格式

### 7.1.3　串行通信的波特率和错误校验

1. 波特率

在串行通信中，波特率是双方对数据传送速率的约定，表示每秒传送的二进制位数（bit），是串行通信的一个重要指标，反映了串行通信的速率，也反映了对传输通道的要求，单位是 b/s（Bit Per Second）。

串行接口或终端直接传送串行信息位流的最大距离与传输速率及传输线的电气特性有关。当传输线使用每 0.3 m 有 50 pF 电容的非平衡屏蔽双绞线时，传输距离随传输速率的增加而减小。当比特率超过 1 000 b/s 时，最大传输距离迅速下降，如 9 600 b/s 时最大距离下降到只有 76 m。因此，为了保证数据的安全传输，即使在较低传输率下，也不要使用太长的数据线。

2. 错误校验

1）奇偶校验

在发送数据时，尾随数据位的 1 位为奇偶校验位（1 或 0）。奇校验时，数据中 1 的个数与检验位 1 的个数之和应为奇数；偶校验时，数据中 1 的个数与校验位 1 的个数之和应为偶数。接收字符时，对 1 的个数进行校验，若字符不一致，则说明传输数据过程中出现错误。

2）代码和校验

发送方将所发数据块求和（或各字节异或），产生一个字节的校验字符（校验和）并附加到数据块末尾。接收方接收数据时，同时对数据块（除校验字节外）求和（或各字节异或），将所得的结果与发送方的"校验和"进行比较，一致则无差错，否则认为数据传输过程中出现了差错。

3）循环冗余校验

循环冗余校验是通过某种数学运算实现有效信息与校验位之间的循环校验，常用于对磁盘信息的传输、存储区的完整性校验。

## 7.2　RS-232C 电平与 TTL 电平的转换

RS-232C 是目前最常用的串行接口标准，用于实现计算机与计算机之间、计算机与外设之间的数据通信。RS-232C 提供了单片机与单片机、单片机与 PC 机间串行数据通信的标准接口。外观是"D"形，对接的两个接口分为针式和孔式两种，如图 7-5 所示。DB9 的引脚定义如表 7-1 所示。

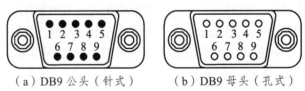

（a）DB9 公头（针式）　　（b）DB9 母头（孔式）

图 7-5　DB9 的外形

表 7-1　DB9 的引脚定义

| 引脚号 | 信号方向 | 引脚名称 | 说明 |
| --- | --- | --- | --- |
| 1 | 输入 | DCD | 载波检测 |
| 2 | 输入 | RXD | 接收数据 |
| 3 | 输出 | TXD | 发送数据 |
| 4 | 输出 | DTR | 数据终端准备好 |

| 引脚号 | 信号方向 | 引脚名称 | 说明 |
|---|---|---|---|
| 5 | 公共地端 | GND | 信号地 |
| 6 | 输入 | DSR | 通信设备准备好 |
| 7 | 输出 | RTS | 请求发送 |
| 8 | 输入 | CTS | 允许发送 |
| 9 | 输入 | RI | 响铃指示 |

RS-232C 接口存在共地噪声和不能抑制共模干扰信号等问题，因此，通信距离较短，最大传输距离约 15 m。

由于 RS-232C 是在 TTL 集成电路之前研制的，其采用了负逻辑，规定+3～+15 V 的任意电压表示逻辑 0 电平，-3～-15 V 的任意电压表示逻辑 1 电平。而单片机遵循 TTL 标准（逻辑高电平是+5 V，逻辑低电平是 0 V），与 RS-232C 标准的电平互不兼容。因此单片机使用 RS-232C 标准串行通信时，必须进行 TTL 电平与 RS-232C 标准电平之间的转换。目前常采用 MAX232，它是全双工发送器/接收器接口电路芯片，可实现 TTL 电平到 RS-232C 电平、RS-232C 电平到 TTL 电平的转换。

MAX232A 的引脚如图 7-6 所示，内部结构及外部元件如图 7-7 所示。由于芯片内部有自升压的电平倍增电路，能将+5 V 转换成-10～+10 V，满足 RS-232C 标准对逻辑"1"和逻辑"0"的电平要求。工作时仅需单一的+5 V 电源。其片内有 2 个发送器，2 个接收器，有 TTL 信号输入/RS-232C 输出的功能，也有 RS-232C 输入/TTL 输出的功能。RS-232C 与 MAX323 的转换电路如图 7-8 所示。

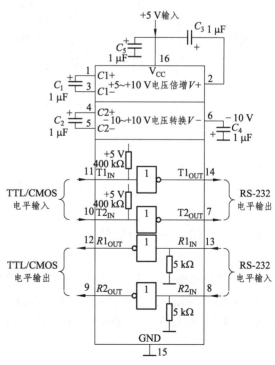

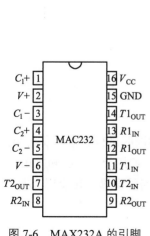

图 7-6　MAX232A 的引脚　　　　　　图 7-7　MAX232A 的内部结构

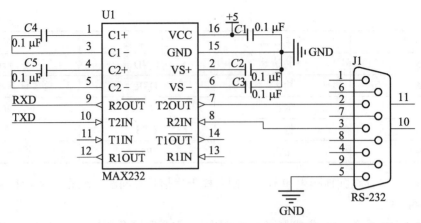

图 7-8 RS-232C 与 MAX323 的转换电路

目前,较新的个人计算机都没有了 DB9 串行口,特别是便携式计算机,而 USB 接口较多。在这种情况下,我们可以使用 USB 转串口的芯片进行转换,常见的 USB 转串口芯片有 CH340T,电路如图 7-9 所示。

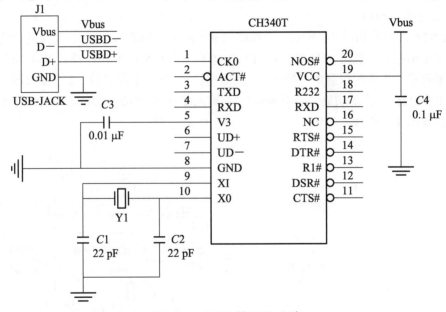

图 7-9 RS-232 转 USB 电路

## 7.3 单片机串行口结构

MCS-51 单片机中的串行接口是一个全双工通信接口,即能同时进行数据的发送和接收。它可以作 UART(Universal Asynchronous Receiver & Transmitter,通用异步接收和发送器)用,也可以用作同步移位寄存器。其帧格式和波特率均可通过软件编程设置,在使用上非常方便灵活。

### 7.3.1 串行口的结构

MCS-51 单片机的串行口结构如图 7-10 所示。其主要由 2 个独立的串行数据缓冲器 SBUF（1 个发送缓冲器，1 个接收缓冲器）、1 个输入移位寄存器、1 个串行控制寄存器 SCON 和 1 个波特率发生器 T1 等组成。

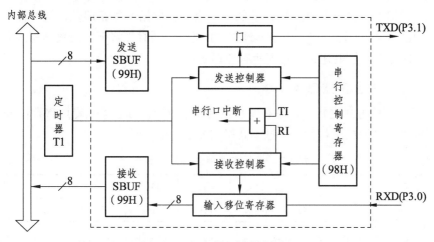

图 7-10 串行口结构框图

MSC-51 单片机通过串行数据接收引脚 RXD（P3.0）和串行数据发送引脚 TXD（P3.1）与外界进行通信。图 7-10 中有两个物理上独立的接收/发送缓冲器 SBUF，它们占用同一地址 99H，可同时发送、接收数据。发送缓冲器 SBUF 只能写入，不能读出，CPU 写 SBUF，一方面修改发送寄存器，同时启动数据串行发送；接收缓冲器 SBUF 只能读出，不能写入，CPU 读 SBUF，就是读接收寄存器。因为发送时 CPU 是主动的，不会产生重叠错误。

甲方发送时，CPU 执行指令 SBUF=A，就启动了发送过程，数据并行送入 SBUF，在发送时钟的控制下由低位到高位一位一位发送；乙方在接收时钟的控制下，由低位到高位顺序进入移位寄存器 SBUF。甲方一帧数据发送完毕，置位发送中断标志 TI，该位可作为查询标志（或引起中断），CPU 可再发送下一帧数据。乙方一帧数据到齐，即接收缓冲器满，置位接收中断标志 RI，该位可作为查询标志（或引起接收中断），通过 A=SBUF，CPU 将这帧数据并行读入（接收）。

### 7.3.2 串行口的控制寄存器

MCS-51 单片机对串行口的控制是通过特殊功能寄存器实现的，与串行口相关的特殊功能寄存器有 SBUF、SCON 和 PCON。

#### 1. 串行口数据缓冲器 SBUF

两个物理上独立的接收、发送缓冲器 SBUF，它们占用同一地址 99H，可同时发送、接收数据。

当 CPU 允许接收（即 SCON 的 REN 位置"1"）且接收中断标志 RI 位复位时，就启动一次接收过程。接收数据时，外界数据通过引脚 RXD（P3.0）串行输入，数据的最低位首先进入输入移位寄存器，一帧数据接收完毕再并行送入缓冲器 SBUF 中，同时将接收中断标志 RI 置"1"。当用软件将输入的数据读走（接收指令 A=SBUF）并将 RI 复位后，才能开始下一帧数据的输入过程。这个过程重复进行直至所有数据接收完毕。

当发送中断标志 TI 位复位后，CPU 执行任何一条写 SBUF 指令（SBUF=A），就启动一次发送过程。CPU 在执行写 SBUF 指令的同时启动发送控制器开始发送数据，被发送的数据由 TXD（P3.1）引脚串行输出，首先输出最低位。当一帧数据发送完即发送缓冲器空时，CPU 自动将发送中断标志 TI 置"1"。当用软件将 TI 复位，同时又将下一帧数据写入数据缓冲器 SBUF 后，CPU 再次重复上述过程直至所有数据发送完毕。

2.串行口控制寄存器 SCON

8051 串行通信的方式选择，接收和发送控制及串行口的标志均由专用寄存器 SCON 控制和指示，存放串行口的控制和状态信息，其格式如表 7-2 所示。

表 7-2　串行口寄存器 SCON 格式

| 位　　置 | D7 | D6 | D5 | D4 | D3 | D2 | D1 | D0 | 字节地址 |
|---|---|---|---|---|---|---|---|---|---|
| 位地址 | SM0 | SM1 | SM2 | REN | TB8 | RB8 | TI | RI | 98H |

SM0 和 SM1：串行口工作方式控制位，通过软件置位或清零，MCS-51 单片机的串行口共有 4 种工作方式，如表 7-3 所示。

表 7-3　串行口工作方式和所用波特率

| SM0 SM1 | 工作方式 | 功能 | 波特率 |
|---|---|---|---|
| 0 0 | 方式 0 | 8 位同步移位寄存器 | $f_{osc}/12$ |
| 0 1 | 方式 1 | 10 位异步收发器（8 位数据） | 可变（由定时器控制） |
| 1 0 | 方式 2 | 11 位异步收发器（9 位数据） | $f_{osc}/64$、$f_{osc}/32$ |
| 1 1 | 方式 3 | 11 位异步收发器（9 位数据） | 可变（由定时器控制） |

SM2：多机通信控制位，主要在方式 2 和方式 3 下使用。在方式 0、1 时，SM2 不用，应设置为"0"状态。

REN：允许接收控制位。REN=0，禁止串行口接收；REN=1，允许串行口接收。

TB8：发送数据的第 9 位，用于在方式 2 和方式 3 时存放发送数据第 9 位。TB8 由软件置"1"或清"0"。

RB8：接收数据的第 9 位，用于在方式 2 和方式 3 时存放接收数据第 9 位。方式 0 下不使用 RB8，方式 1 下，若 SM2=0，则 RB8 用于存放接收到的停止位。

TI：发送中断标志位，用于指示一帧数据发送是否完成。在方式 0 下，发送电路发送完第 8 位数据时，TI 由硬件置"1"；在其他方式下，TI 在发送电路发送停止位时置"1"。也就是说，TI 在发送前必须用软件复位，发送完一帧数据后由硬件置位。因此，CPU 查询 TI 状态便可知晓一帧数据是否已发送完毕。

RI：接收中断标志位，用于指示一帧数据是否接收完。在方式 1 下，RI 在接收电路接收到第 8 位数据时由硬件置"1"；在其他方式下，RI 是在接收电路接收到停止位的中间位置时置位的。RI 也可供 CPU 查询以决定 CPU 是否从接收缓冲器 SBUF 中获取接收到的数据。RI 也应由软件复位。

3. 电源及波特率控制寄存器 PCON

电源控制寄存器 PCON 中只有 SMOD 位与串行口工作有关，字节地址为 87H，不可以位寻址，复位值：0000 0000B。其格式如表 7-4 所示。

表 7-4　电源及波特率控制寄存器 PCON 格式

| 位　置 | D7 | D6 | D5 | D4 | D3 | D2 | D1 | D0 | 字节地址 |
|---|---|---|---|---|---|---|---|---|---|
| 位地址 | SMOD | — | — | — | GF1 | GF0 | PD | IDL | 87H |

SMOD：波特率选择位。在方式 1、2 和 3 时，串行通信的波特率与 SMOD 有关。当 SMOD=1 时，通信波特率乘 2；当 SMOD=0 时，波特率不变。

GF1、GF0 为用户可自行定义使用的通用标志位；PD 与 IDL 用于节电方式控制位。

PD：掉电方式控制位。PD=0，单片机处于正常工作状态；PD=1，进入掉电模式，可由外部中断触或硬件复位模式唤醒，进入掉电模式后，外部晶振停振，CPU、定时器、串行口全部停止工作，只有外部中断继续。

IDL：待机方式（空闲方式）控制位。IDL=0，正常工作状态；IDL=1，进入待机模式，除 CPU 不工作外，其余正常工作，可由中断和复位退出待机并重新唤醒。

## 7.4　串行口的工作方式

### 7.4.1　方式 0

在方式 0 时，串行口用作同步移位寄存器使用。数据从 RXD（P3.0）端串行输入或输出，同步移位信号从 TXD（P3.1）端输出，波特率固定不变，为振荡频率的 1/12。该方式是以 8 位数据为一帧，没有起始位和停止位，先发送或接收最低位。方式 0 主要用于扩展并行输入/输出口。

方式 0 发送数据时，SBUF 相当于一个并入串出的移位寄存器。当 TI=0 时，通过指令向发送缓冲器 SBUF 写入一个数据，启动串行口的发送过程：从 RXD（P3.0）引脚逐位移出 SBUF 中的数据，同时从 TXD（P3.1）引脚输出同步移位脉冲。这个移位脉冲提供给串口通信的外设，作为输入移位脉冲移入数据。当 SBUF 中的 8 位数据完全移出后，硬件电路自动将中断标志 TI 置"1"，产生串口中断请求。如要再发送数据，必须用指令将 TI 清"0"，再重复上述过程。其发送时序如图 7-11 所示。

方式 0 接收数据时，SBUF 相当于一个串入并出的移位寄存器。当 SCON 中的接收允许位 REN=1 并用指令使 RI 为"0"时，启动串行口的接收过程。外设送来的串行数据从 RXD（P3.0）引脚输入，同步移位脉冲从 TXD（P3.1）引脚输出，供给外设用于移出数据。当一帧数据完全移入 SBUF 后，由硬件电路将中断标志 RI 置"1"，产生串口中断请求。接收端可以在查询 RI=1 后，或在串口中断服务程序中，将 SBUF 中的数据读走。如要再接收数据，必须用指令将 RI 清"0"，再重复上述过程。其接收时序如图 7-12 所示。

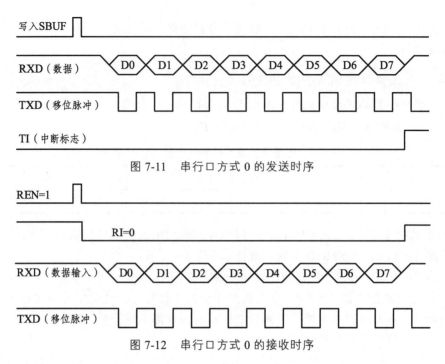

图 7-11　串行口方式 0 的发送时序

图 7-12　串行口方式 0 的接收时序

1. 扩展并行输出

扩展并行输出时的外接电路如图 7-13 所示。74LS164 是一个 8 位的串入并出移位寄存器，串行数据高位在前、低位在后。串行数据通过 D1、D2 端子输入，并行数据从 D0 ~ D7 引脚输出。TXD 引脚输出移位时钟，CLR 为输出控制端，为 1 时打开并行输出，为 0 时关闭并行输出。

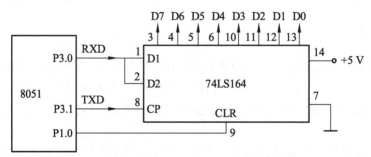

图 7-13　方式 0 串转并连接图

发送操作是在 TI=0 时进行的，CPU 通过 SBUF=A 指令给发送缓冲器 SBUF 送出数据后，RXD 引脚上即可逐位发出 8 位数据，低位在前、高位在后（74LS164 的数据顺序相反）。TXD 引脚上发送同步移位脉冲。8 位数据发送完后，TI 由硬件置"1"。

2. 扩展并行输入

扩展并行输入时的外接电路如图 7-14 所示。74LS165 是一个 8 位的并入串出移位寄存器，并行数据通过从 A ~ F 引脚输入，数据在时钟的同步下从 Q 端串行输出，高位在前、低位在后。当 S/L=0 时，允许 74LS165 置入并行数据；当 S/L=1 时，允许 74LS165 串行移位输出数据。

接收过程是在 RI=0 和 REN=1 条件下启动的。此时，串行数据由 RXD 引脚输入，TXD 引脚输出同步移位脉冲。接收的数据按低位在前、高位在后的顺序（74LS165 的数据顺序相反）存放，接收电路接收到 8 位数据后，RI 自动置"1"。

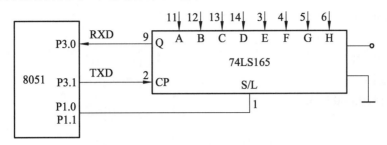

图 7-14　串行口方式 0 并转串连接图

例 7-1：用 8051 单片机的串行口外接串入并出的芯片 CD4094 扩展并行输出口，以控制一组发光二极管，使发光二极管从左至右延时轮流显示，电路如图 7-15 所示。

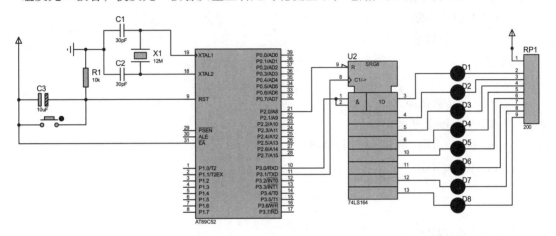

图 7-15　串行口方式 0 串转并仿真电路

流程图如图 7-16 所示。

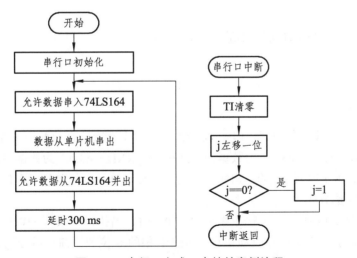

图 7-16　串行口方式 0 串转并案例流程

```
#include    <reg51.h>    //包含特殊功能寄存器库
sbit    P2_0=P2^0;
```

```c
unsigned    char i,j;
void delay1ms(unsigned int z)
{
    unsigned int j,k;
    for(j=z;j>0;j--)
          for(k=120;k>0;k--);
}
void main( )
{
    SCON=0x00;//串行口方式 0，启动发送
    ES=1;//开启串行中断
    EA=1; //开启总中断
    j=1; //定义一个初值
    while(1)
    {
        P2_0=0;//数据串入
        SBUF=~j;//发送数据
        P2_0=1;//启动 74LS164 并行输出
        delay1ms(300);
    }
}
void ser(void) interrupt 4
{
    TI=0;
    j=j<<1;
    if (j==0) j=1;    //j=256 时回到初值
}
```

### 7.4.2    方式 1

方式 1 为 10 位异步通信方式，即一个起始位 0、8 个有效数据位和一个停止位 1，其帧格式如图 7-17 所示。TXD（P3.1）为数据的发送引脚，RXD（P3.0）为数据的接收引脚。传输波特率可以改变，由定时器 T1 的溢出频率决定。通常在单片机与单片机串口通信、单片机与计算机串口通信时选方式 1。

发送时序如图 7-18 所示。在软件置 TI 为"0"时，当执行一条写 SBUF 指令后，就可以启动串行口发送数据。发关电路自动在写入 SBUF 中的 8 位数据前、后分别添加 1 位起始位和 1 位停止位，在发送移位脉冲的作用下，从 TXD（P3.1）引脚逐位发送起始位、数据位和停止位。发送完一个字符帧后，自动维持 TXD 为高电平，并使发送中断标志位 TI 置"1"，产生串口中断请求。若要继续发送，必须用软件将 TI 清"0"。

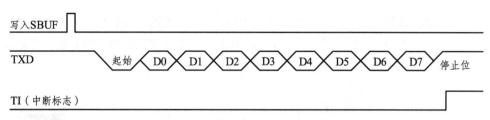

图 7-17　串行口方式 1 的帧格式

接收时序如图 7-18 所示。在软件置 RI 为"0"、接收允许标志位 REN 为"1"时，允许接收。接收器以选定波特率的 16 分频的速率采样串行接收端口 RXD（P3.0），当检测到 RXD 引脚电平发生负跳变时，则说明起始位有效，将其移入移位寄存器，并开始接收这一帧信息的其余位。数据全部写入 SBUF 后，电路自动使接收标志位 RI 置"1"，并向 CPU 请求中断，CPU 将 SBUF 中的数据及时读走。要继续接收，必须用软件将 RI 清"0"。

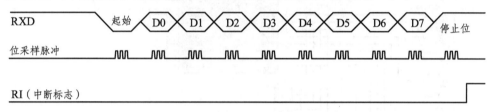

图 7-18　串行口方式 1 的接收时序

方式 1 的波特率计算公式为：

$$波特率=（2SMOD/32）\times T1 的溢出率$$

（MSC-51 单片机只有定时器 T1 可作串行口波特率发生器）

其中，溢出率为溢出周期的倒数，即 T1 溢出一次所需时间的倒数，公式为：

$$定时器 T1 溢出率=（T1 计数速率）/（产生溢出所需机器周期数）$$

其中，T1 计数速率$=f_{ocs}/12$。假定计数初值为 X，则

$$初值\ X = 2^8 - \frac{2^{SMOD} \times f_{osc}}{32 \times 波特率 \times 12}$$

$$计数溢出周期数=定时器最大计数值-计数初值$$

表 7-5 列出了最常用的波特率及 T1 的工作方式和初值。

表 7-5　常用波特率初值表

| 串口波特率 | $f_{osc}$ | SMOD 位（PCON 中） | 定时器 T1 | | |
|---|---|---|---|---|---|
| | | | C/T* | 定时器工作方式 | 初值 |
| 19 200 | 11.059 2 MHz | 1 | 0 | 2 | 0FEH |
| 9 600 | 11.059 2 MHz | 0 | 0 | 2 | 0FDH |
| 4 800 | 11.059 2 MHz | 0 | 0 | 2 | 0FAH |
| 2 400 | 11.059 2 MHz | 0 | 0 | 2 | 0F4H |
| 1 200 | 11.059 2 MHz | 0 | 0 | 2 | 0E8H |
| 62.5 k | 12 MHz | 1 | 0 | 2 | 0FFH |
| 137.5 k | 11.986 MHz | 0 | 0 | 2 | 1DH |

例 7-2：电路如图 7-19 所示。当单片机的 P1 口的 8 个按键有按键按下时（每次最多一个按键按下），通过 TXD 引脚将这个按键号发送出去，再通过 RXD 引脚将数据接收回来，在 P0 口的数码管上显示是哪个按键按下。

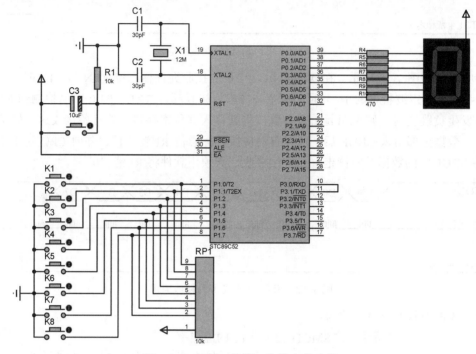

图 7-19  串行口方式 1 自发自收电路

流程图如图 7-20 所示。

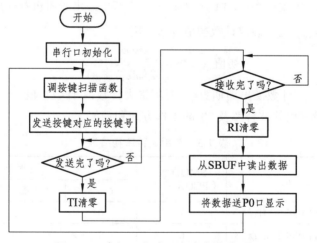

图 7-20  串行口方式 1 自发自收流程图

```
#include<reg51.h>
void delay1ms(int z)
{
    int j,k;
```

```c
        for(j=z;j>0;j--)
            for(k=120;k>0;k--);
}
unsigned char code leddisplay[]={0xc0,0xf9,0xa4,0xb0,0x99,0x92,0x82,
0xf8,0x80,0x90,0xff};//共阳极 0~9
unsigned char num=10;//开始数码管不显示
void keynum(void)
{
    unsigned char temp;
    P1=0xff;
    temp=P1;
    if(temp!=0xff)
    {
        delay1ms(10);
        P1=0xff;
        temp=P1;
        if(temp!=0xff)
        {
            switch(temp)
            {
                case 0xfe:num=1;break;
                case 0xfd:num=2;break;
                case 0xfb:num=3;break;
                case 0xf7:num=4;break;
                case 0xef:num=5;break;
                case 0xdf:num=6;break;
                case 0xbf:num=7;break;
                case 0x7f:num=8;break;
                default:num=10;break;
            }
        }
    }
}
void main(void)
{
    unsigned char temp1;
    P1=0xff;
    P0=0xff;
    TMOD=0x20;
```

```
PCON=0;
TH1=0xfd;//波特率为 9 600
TL1=0xfd;
SCON=0x50;//允许接收
TR1=1;
while(1)
{
    keynum();//扫描按键
    SBUF=num; //发送按键号
    while(!TI); //没有发送完就等待
    TI=0; //发送完 TI 清零
    while(!RI); //未接收完
    RI=0; //接收完后软件清零
    temp1=SBUF; //接收数据
    P0=leddisplay[temp1]; //送 P0 口显示
}
}
```

### 7.4.3　方式 2 和方式 3

方式 2 和方式 3 都是 11 位异步通信方式，即 1 个起始位、8 个有效数据位、1 个附加数据位（TB8/RB8）和 1 个停止位。二者都是以 TXD（P3.1）为数据的发送引脚，RXD（P3.0）为数据的接收引脚，其差异仅在于通信波特率有所不同：方式 2 的波特率由 MCS-51 单片机的主频 $f_{osc}$ 经 32 或 64 分频后提供；方式 3 的波特率由定时器 T1 的溢出经 32 分频后提供，故方式 3 的波特率是可调的。

方式 2 和方式 3 的发送时序如图 7-21 所示。发送前，先根据通信协议由软件设置 TB8（如作奇偶校验位或地址/数据标志位），然后将要发送的数据写入 SBUF，即可启动发送过程。串行口能自动把 TB8 取出，并装入到第 9 位数据位的位置，再逐一发送出去。发送完毕，使 TI=1。

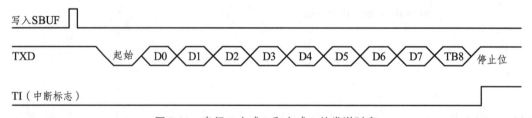

图 7-21　串行口方式 2 和方式 3 的发送时序

方式 2 和方式 3 的接收时序如图 7-22 所示。接收时，使 SCON 中的 REN=1，允许接收。当检测到 RXD（P3.0）端有 1→0 的跳变（起始位）时，开始接收 9 位数据，送入移位寄存器（9 位）。当满足 RI=0 且 SM2=0，或接收到的第 9 位数据为 1 时，前 8 位数据送入 SBUF，附加的第 9 位数据送入 SCON 中的 RB8，置 RI 为 1；否则，这次接收无效，也不置位 RI。

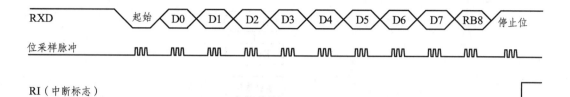

图 7-22　串行口方式 2 和方式 3 的接收时序

方式 2 的波特率=$f_{osc}\times 2\text{SMOD}/64$，即 $f_{osc}/32$ 或 $f_{osc}/64$ 两种。

方式 3 的波特率可以根据需要进行设定，按前面的公式计算：

$$波特率=（2\text{SMOD}/32）\times T1\ 的溢出率$$

则
$$初值\ X=2^8-\frac{2^{\text{SMOD}}\times f_{osc}}{32\times 波特率\times 12}$$

例 7-3：PC 机通过 RS232 接口向单片机先发送数据，并存储在单片机 RAM 中。同时，单片机将每次接收到的数据通过 P1 口 LED 灯显示出来，并将接收到的数据返回到 PC 机。若数据出错，则 LED 全灯亮。要求通信波特率为 9 700，进行偶检验。仿真电路如图 7-23 所示，流程如图 7-24 所示。

```
#include "reg51.h"
#define uchar unsigned char
uchar data Buf=0;          //存储接收的数据
void series_init()
{
    SCON=0xd0; //串口方式 3,允许接收
```

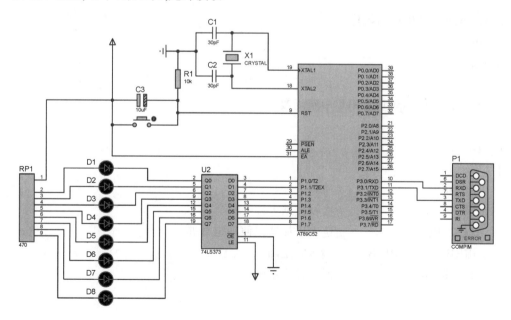

图 7-23　串行口方式 3 案例仿真电路

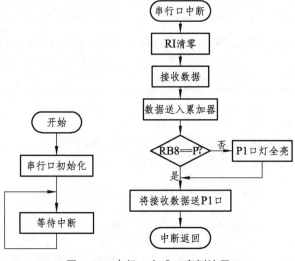

图 7-24　串行口方式 3 案例流程

```
    TMOD=0x20;        //波特率发生器 T1 方式 2
    TH1=0xfd;TL1=0xfd;  //9600
    PCON&=0x00;        //SMOD=0
    TR1=1;        //启动波特率发生器 T1
    ES=1;   //开启串口中断
    EA=1;   //开启总中断
}
void main()
{
    series_init();  //串口初始化
    P1=0xff;
    while(1);
}
void series_int() interrupt 4   //串口中断函数
{
    if(RI==1)
    {
        RI= 0;                //清零
        Buf = SBUF;            //接收数据
        ACC=Buf;            //送入累加器以便确定奇偶
        if(RB8==P)   P1=Buf; //偶检验正确
        else  P1=0;            //偶检验不正确
    }
}
```

# 习题

1. 串行口设有几个控制寄存器？它们的作用是什么？

2. 异步通信和同步通信的主要区别是什么？单片机串行口有没有同步通信的功能？

3. 单片机串行口有几种工作方式？各自的特点是什么？

4. 单片机串行口各种工作方式的波特率如何设置？怎样计算定时器的初值？

5. 假定串行口串行发送的字符格式为 1 位起始位、8 位数据位、1 位校验位、1 位停止位，请画出字符"A"的帧格式。

6. 若 $f_{osc}$=6 MHz，波特率为 2 400 波特，设 SMOD=1，则定时/计数器 T1 的计数初值为多少？请进行初始化编程。

7. 请使用中断方法编写串行口方式 1 下的接收程序，设主频是 11.059 2 MHz，波特率为 1 200 b/s，采用偶校验。

第八章

# 单总线通信协议
# 与典型电路应用

单片机通信协议中，单总线（1-wire）通信协议是指主机和从机通过一根总线进行通信，但是在一条总线上可挂接的从器件数量几乎不受限制的一种通信协议，该协议是由达拉斯半导体公司推出的一项通信技术，其特点是采用单根信号线，既可传输时钟，又能传输数据，而且数据传输是双向的，由此带来线路简单、硬件开销少、成本低廉、便于总线扩展和维护等优点。

## 8.1 单总线（1-wire）通信过程

### 8.1.1 单总线通信初始化过程

初始化过程=复位脉冲+从机应答脉冲。

主机通过拉低单总线一定时间产生复位脉冲（480 ~ 960 μs），然后释放总线，进入接收模式。主机释放总线时，会产生低电平跳变为高电平的上升沿，单总线器件检测到上升沿之后，进行延时（15 ~ 60 μs），然后单总线器件拉低总线（60 ~ 240 μs）来产生应答脉冲。主机接收到从机的应答脉冲说明单总线器件就绪，初始化过程完成。单总线通信初始化过程如图 8-1 所示。

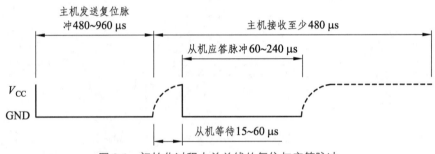

图 8-1 初始化过程中单总线的复位与应答脉冲

### 8.1.2 单总线通信写数据过程

单总线通信写数据有两种：写数据"0"和写数据"1"。

当数据线拉低后，在一定时间窗口内（15 ~ 60 μs）对数据线进行采样。如果数据线为低电平，就是写 0，如果数据线为高电平，就是写 1。主机要产生一个写 1 的数据，就必须把数据线拉低，在写数据开始后的 15 μs 内允许数据线拉高。主机要产生一个写 0 的数据，就必须把数据线拉低并保持 60 μs。单总线通信写数据时序图如图 8-2 所示。

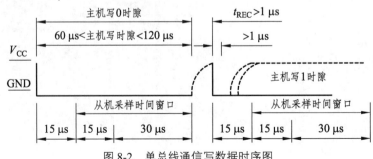

图 8-2 单总线通信写数据时序图

### 8.1.3 单总线通信读数据过程

单总线通信读数据格式和写数据格式类似也有两种，包括读数据"0"和读数据"1"，当主机把总线拉低，并保持至少一定时间（如 1 μs）后释放总线，必须在规定时间内（如 15 μs）读取数据。单总线通信读数据时序图如图 8-3 所示。

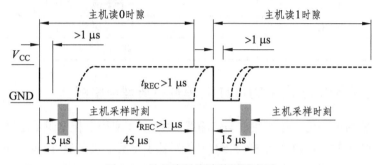

图 8-3　单总线通信读数据时序图

下面利用比较常用的基于单总线通信协议温湿度传感器芯片 DHT11 详细讲述该总线的传输过程和工作原理。

## 8.2　单总线通信温湿度传感器芯片 DHT11 介绍

### 8.2.1　温湿度传感器芯片 DHT11 概述

DHT11 数字温湿度传感器是一款含有已校准数字信号输出的温湿度复合传感器。它用专用的数字模块采集技术和温湿度传感技术，确保产品具有极高的可靠性与卓越的长期稳定性。传感器包括一个电阻式感湿元件和一个 NTC（负温度系数）测温元件，并与一个高性能 8 位单片机相连接，因此该产品具有品质卓越、超快响应、抗干扰能力强、性价比极高等优点。每个 DHT11 传感器都在极为精确的湿度校验室中进行校准，校准系数以程序的形式储存在 OTP（一次性可编程）内存中，传感器内部在检测信号的处理过程中要调用这些校准系数，单线制串行接口使系统集成变得简易快捷。DHT11 具有超小的体积、极低的功耗，信号传输距离可达 20 m 以上，使其成为各类应用场合的最佳选择。其产品为 4 针单排引脚封装，连接方便，特殊封装形式可根据用户需求而提供，实物如图 8-4 所示。

图 8-4　温湿度传感器芯片 DHT11 实物图

DHT11 引脚说明如表 8-1 所示。

表 8-1　温湿度传感器芯片 DHT11 引脚说明

| 引脚 | 名称 | 说明 |
|---|---|---|
| 1 | VDD | 供电 3～5.5 V DC |
| 2 | DATA | 串行数据、单总线 |
| 3 | NC | 空脚（悬空即可） |
| 4 | GND | 接地，电源负极 |

### 8.2.2　温湿度传感器芯片 DHT11 与单片机典型电路图

为了数据传输的准确性，建议在数据传输线（DATA）使用上拉电阻（建议距离小于 20 m 使用 5 kΩ），DHT11 的供电电压为 3～5.5 V。传感器上电后，要等待 1 s 以越过不稳定状态，在此期间无须发送任何指令。电源引脚（VDD，GND）之间可增加一个 100 μF 的电容，用以去耦滤波。DHT11 与单片机的典型连接电路如图 8-5 所示。

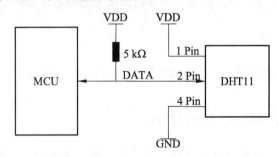

图 8-5　温湿度传感器 DHT11 与单片机连接典型电路图

## 8.3　温湿度传感器芯片 DHT11 数据传输格式和时序

温湿度传感器芯片 DHT11 引脚 DATA 用于微处理器与 DHT11 之间的通信和同步，采用单总线数据格式，一次完整的数据传输为 40 bit，高位先出，一次通信时间为 4 ms 左右，数据分小数部分和整数部分，下面具体讲述数据传输格式和时序。

### 8.3.1　温湿度传感器芯片 DHT11 数据传输格式

数据格式：8bit 湿度整数数据+8 bit 湿度小数数据+8 bi 温度整数数据+8 bit 温度小数数据+8 bit 校验和，实际使用过程中，一般不使用温湿度数据的小数部分，数据传送正确时校验和数据等于"8 bit 湿度整数数据+8 bit 湿度小数数据+8 bi 温度整数数据+8 bit 温度小数数据"所得结果的末 8 位。

### 8.3.2　温湿度传感器芯片 DHT11 数据传输时序

当单片机发送一次开始信号后，DHT11 从低功耗模式转换到高速模式，等待主机开始信号结束后，DHT11 发送响应信号，送出 40 bit 的数据，并触发一次信号采集，用户可选择读取部分数据。从模式下，DHT11 接收到开始信号触发一次温湿度采集，如果没有接收到主机发送的开始信号，DHT11 不会主动进行温湿度采集。采集数据后转换到低速模式，该过程启动时序如图 8-6 所示。

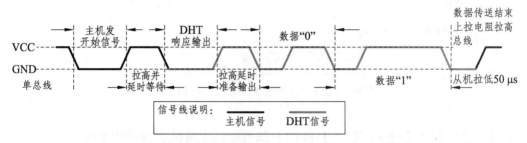

图 8-6　温湿度传感器 DHT11 启动时序图

总线空闲状态为高电平，主机把总线拉低等待 DHT11 响应，其时间必须大于 18 ms，保证 DHT11 能检测到起始信号，DHT11 接收到主机的开始信号后，等待主机开始信号结束，然后发送 80 μs 低电平响应信号，主机发送开始信号结束后，延时等待 20～40 μs，读取 DHT11 的响应信号，主机发送开始信号后，可以切换到输入模式，或者输出高电平，总线由上拉电阻拉高，当总线为低电平，说明 DHT11 发送响应信号，发送后，再把总线拉高 80 μs，准备发送数据，每一位数据都以 50 μs 低电平时隙开始，高电平的长短定了数据位是 0 还是 1，格式如图 8-8 与图 8-9 所示。如果读取响应信号为高电平，则 DHT11 没有响应，请检查线路是否连接正常。当最后一位数据传送完毕后，DHT11 拉低总线 50 μs，随后总线由上拉电阻拉高进入空闲状态，DHT11 传感器响应时序图如图 8-7 所示。

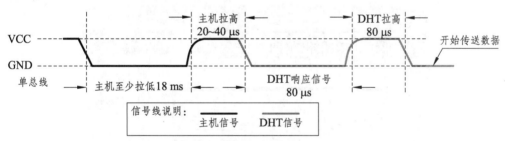

图 8-7　温湿度传感器 DHT11 响应时序图

DHT11 传感器传输信号"0"时序图如图 8-8 所示。

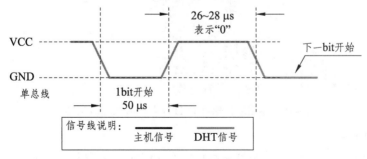

图 8-8　温湿度传感器传输信号"0"时序图

DHT11 传感器传输信号"1"图如图 8-9 所示。

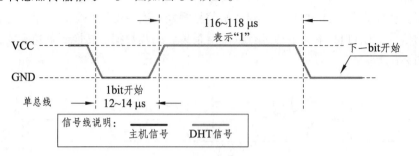

图 8-9　温湿度传感器传输信号"1"时序图

## 8.4　温湿度传感器芯片 DHT11 与单片机通信的典型实例

实例要求：利用单片机（示例型号 AT89C51）的 P0 引脚连接显示部分（LCD1602），P1 引脚连接温湿度传感器芯片（DHT11），最终效果为在显示部分（LCD1602）上显示温湿度传感器芯片（DHT11）的温湿度数据。注意：因为是模拟仿真过程，温湿度传感器芯片 DHT11 的数据来源也是用户输入，并不是实际场地的温湿度信息。

### 8.4.1　温湿度传感器芯片 DHT11 与单片机连接仿真和电路图设计

通过 Proteus 绘制项目电路图，并且通过该软件能够制作 PCB 板的功能，实现电路的设计、仿真，Proteus 仿真电路图如图 8-10 所示。

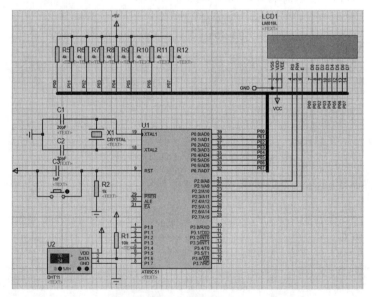

图 8-10　温湿度传感器 DHT11 与单片机仿真电路图

所需器件如下：

LM016L：2 行 16 列液晶，3 个控制端口（共 14 线），工作电压为 5 V。无背光，可显示 2 行 16 列英文字符，有 8 位数据总线 D0～D7；

RESPACK：排阻；

DHT11：温湿度传感器单总线传输芯片；

CRYSTAL：晶体振荡器；

其他型号的电容电阻。

## 8.4.2 温湿度传感器芯片 DHT11 采集信号实训软件设计

本小节主要内容是对温湿度传感器芯片 DHT11 使用的单总线通信协议进行详细讲解，而本程序中涉及的 LCD1602 和串行数据传输等功能程序已经在前序章节介绍，所以在本程序中不做说明，主要关注的是如何通过控制单片机 I/O 端口的高低电平实现对温湿度传感器 DHT11 的启动、终止、响应和传输。

下面程序用来模拟单片机 I/O 端口的高低电平转换，实现把温湿度传感器 DHT11 的数据从 P1 端口传送到 P0 端口的显示部分 LCD1602 中。

/------------------------------------程序库函数和预处理函数代码------------------------------------/

```
#include<reg51.h>
#include<intrins.h>
#define uchar unsigned char
#define uint unsigned int
sbit Data=P1^6;
uchar rec_dat[9];
sbit lcdrs=P2^0;
sbit lcdrw=P2^1;
sbit lcden=P2^2;
```

/------------------------------------程序延时函数代码------------------------------------/

```
void delay(uint n)
{   uint x,y;
    for(x=n;x>0;x--)
        for(y=110;y>0;y--);
}
```

/------------------------------------程序显示函数代码------------------------------------/

```
void write_com(uchar com)
{
        lcdrs=0;
        P0=com;
        delay(5);
        lcden=1;
        delay(5);
        lcden=0;
}
```

```
void write_dat(uchar dat)
{
        lcdrs=1;
        P0=dat;
        delay(5);
        lcden=1;
        delay(5);
        lcden=0;
}
void init_lcd()
{
        lcden=0;
        lcdrw=0;
        write_com(0x38);
        write_com(0x0c);
        write_com(0x06);
        write_com(0x01);
}
/----------------------------------------程序 DHT11 控制时序代码----------------------------------------/
void DHT11_delay_us(uchar n)
{
    while(--n);
}
void DHT11_delay_ms(uint z)
{
    uint i,j;
    for(i=z;i>0;i--)
        for(j=110;j>0;j--);
}
void DHT11_start()
{
    Data=1;
    DHT11_delay_us(2);
    Data=0;
    DHT11_delay_ms(30);
    Data=1;
    DHT11_delay_us(30);
}
uchar DHT11_rec_byte()
```

```c
{
    uchar i,dat=0;
    for(i=0;i<8;i++)
    {
        while(!Data);
        DHT11_delay_us(8);
        dat<<=1;
        if(Data==1)
            dat+=1;
        while(Data);
    }
    return dat;
}
void DHT11_receive()
{
    uchar R_H,R_L,T_H,T_L,RH,RL,TH,TL,revise;
    DHT11_start();
    if(Data==0)
    {
        while(Data==0);
        DHT11_delay_us(40);
        R_H=DHT11_rec_byte();
        R_L=DHT11_rec_byte();
        T_H=DHT11_rec_byte();
        T_L=DHT11_rec_byte();
        revise=DHT11_rec_byte();
        DHT11_delay_us(25);
        if((R_H+R_L+T_H+T_L)==revise)
        {
            RH=R_H;
            RL=R_L;
            TH=T_H;
            TL=T_L;
        }
        rec_dat[0]='0'+(RH/10);
        rec_dat[1]='0'+(RH%10);
        rec_dat[2]='%';
        rec_dat[3]=' ';
        rec_dat[4]=' ';
```

```
        rec_dat[5]='0'+(TH/10);
        rec_dat[6]='0'+(TH%10);
    }
}
/---------------------------------------程序主函数代码---------------------------------------/
void main()
{
    uchar i;
    init_lcd();
    while(1)
    {
        DHT11_delay_ms(100);
        DHT11_receive();
        write_com(0x80);
        for(i=0;i<9;i++)
        write_dat(rec_dat[i]);
        write_dat(rec_dat[7]);
     write_dat(0xdf);
     write_dat('C');
    }
}
```

### 8.4.3    温湿度传感器芯片 DHT11 采集信号实训效果

经过对单总线通信协议的理解和针对温湿度传感器芯片 DHT11 通信时序的学习，我们通过绘制电路仿真图和编写程序，最终实现将用户输入的模拟温湿度数据在显示部分 LCD1602 中显示出来，实现效果如图 8-11 所示。

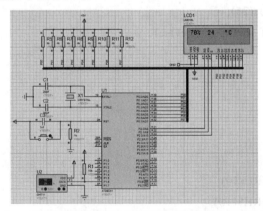

图 8-11    温湿度传感器芯片 DHT11 采集信号和显示效果图

通过对温湿度传感器芯片 DHT11 的应用仿真，应完全理解和掌握单总线通信协议，这是单片机学习过程中的重要组成部分，下面继续学习对温度传感器 DS18B20 的应用。

## 8.5 单总线通信温度传感器芯片 DS18B20

### 8.5.1 传感器芯片 DS18B20 概述和特性

DS18B20 是常用的数字温度传感器，输出的是数字信号，具有体积小、硬件开销低、抗干扰能力强、精度高等特点。该芯片电路接线方便，封装后的 DS18B20 可用于电缆沟测温、高炉水循环测温、锅炉测温、机房测温、农业大棚测温、洁净室测温、弹药库测温等各种非极限温度场合，耐磨耐碰，体积小，使用方便，封装形式多样，适用于各种狭小空间设备数字测温和控制领域。该芯片有以下主要特性：

（1）独特的单总线接口，仅需一个端口引脚即可进行通信；

（2）简单的多点分布式测温应用场景；

（3）可通过数据线供电，供电范围为 3.0 ~ 5.5 V；

（4）测温范围为-55 ~ +125 ℃（华氏温度-67 ~ 257 ℉）；

（5）在-10 ~ +85 ℃ 范围内精确度可达±5 ℃；

（6）应用范围包括温度控制、工业系统、消费零售或者任何热感知系统。

### 8.5.2 传感器芯片 DS18B20 与单片机连接电路及实物图

DS18B20 与单片机的连接依然采用单总线连接方式，为了保证数据传输的准确性，可以在其数据端口（DQ 总线）通过上拉电阻（例如 4.7 kΩ）连接外部电源，DS18B20 与单片机连接电路如图 8-12 所示。

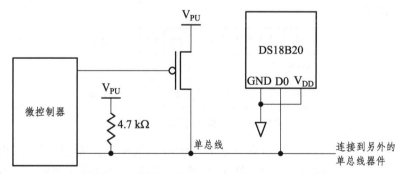

图 8-12　单片机与 DS18B20 连接电路示意图

DS18B20 通过一个单总线接口发送或者接收信息，而且根据使用场景不同也有不同的封装形式，具体引脚说明如表 8-2 所示。

表 8-2　DS18B20 引脚说明表

| 引脚 | 说明 |
| --- | --- |
| GND | 接地 |
| DQ | 数据线引脚 I/O |
| $V_{DD}$ | 可选电源电压 |
| NC | 无连接 |

DS18B20 的供电电压为 3.0～5.5 V，因此 $V_{DD}$ 被描述为可选电源电压，在日常使用中，经常遇到的封装形式如图 8-13 所示，图 8-13（a）是 TO-92 封装，图 8-13（b）是 SOIC 封装。请注意，在 TO-92 封装图中，没有 NC 引脚，其他引脚可以直接使用。

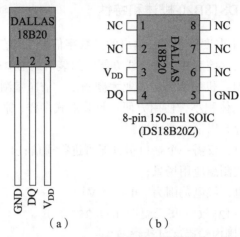

图 8-13　DS18B20 芯片的常用封装形式示意图

## 8.6　温度传感器芯片 DS18B20 数据传输格式和时序

### 8.6.1　温度传感器芯片 DS18B20 数据传输格式

通过编程，DS18B20 可以实现最高 12 位的温度值存储，在寄存器中是以补码的格式存储的，如图 8-14 所示。

| $2^3$ | $2^2$ | $2^1$ | $2^0$ | $2^{-1}$ | $2^{-2}$ | $2^{-3}$ | $2^{-4}$ | LSB |
| --- | --- | --- | --- | --- | --- | --- | --- | --- |
| MSB | | | (unit=℃) | | | LSB | | |
| S | S | S | S | S | $2^6$ | $2^5$ | $2^4$ | MSB |

图 8-14　DS18B20 温度数据格式

寄存器数据包含 2 个字节，LSB 是低字节，MSB 是高字节。从图中可以看出每一位代表的温度含义。其中 S 表示的是符号位，低 11 位都是 2 的幂，用来表示最终的温度，温度数据有正负之分，寄存器中每个数字如同卡尺的刻度一样分布，如表 8-3 所示。

表 8-3　DS18B20 寄存器和温度数据对比表

| 温度值 | 输出数值（二进制） | | | | 输出数值（十六进制） |
| --- | --- | --- | --- | --- | --- |
| +125 ℃ | 0000 | 0111 | 1101 | 0000 | 07D0h |
| +25.0625 ℃ | 0000 | 0001 | 1001 | 0001 | 0191h |
| +10.125 ℃ | 0000 | 0000 | 1010 | 0010 | 00A2h |
| +0.5 ℃ | 0000 | 0000 | 0000 | 1000 | 0008h |
| 0 ℃ | 0000 | 0000 | 0000 | 0000 | 0000h |
| −0.5 ℃ | 1111 | 1111 | 1111 | 1000 | FFF8h |

| 温度值 | 输出数值（二进制） | | | | 输出数值（十六进制） |
|---|---|---|---|---|---|
| −10.125 ℃ | 1111 | 1111 | 0101 | 1110 | FF5Eh |
| −25.0625 ℃ | 1111 | 1110 | 0110 | 1111 | FF6Fh |
| −55 ℃ | 1111 | 1100 | 1001 | 0000 | FC90h |

由表 8-3 可知两者的映射关系：二进制数字最低位变化 1，代表温度变化 0.0625 ℃。当为 0 ℃ 的时候，对应的十六进制数就是 0x0000，当温度为 125 ℃ 的时候，对应的十六进制数是 0x07D0，当温度是−55 ℃ 的时候，对应的十六进制数是 0xFC90。反过来说，当数字是 0x0001 的时候，那温度就是 0.0625 ℃。

### 8.6.2 温度传感器芯片 DS18B20 信号传输时序

DS18B20 依然是单总线通信协议的传感器芯片，因此需要遵循严格的单总线协议以确保数据的完整性，协议包括启动/终止信号、响应信号、写和读信号，下面将信号的时序列出。

**1. 初始化时序**

与 DS18B20 之间的通信都从初始化时序开始的，一个复位脉冲紧跟一个存在脉冲表示 DS18B20 芯片已经初始化完成，做好了发送和接收数据的准备，如图 8-15 所示。在初始化序列期间，总线控制器拉低总线并且保持 480 μs 发出一个复位脉冲，然后释放总线，进入接收状态，当 DS18B20 探测到 I/O 引脚上的上升沿后，等待 15 ~ 60 μs，然后发出一个由 60 ~ 240 μs 低电平信号构成的存在脉冲。

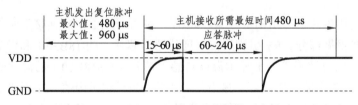

图 8-15　DS18B20 芯片的初始化时序图

**2. 写时序**

写时序分别有写"0"和写"1"时序。不论是写"0"还是"1"数据到 DS18B20 芯片，所有的时序保持时间都要维持 60 μs 以上，包括两个写周期之间至少有 1 μs 的恢复时间，当数据线从逻辑高电平拉到低电平的时候，写时序开始，写时序图如图 8-16 所示。

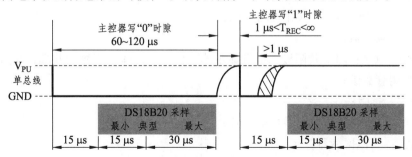

图 8-16　DS18B20 芯片的写时序图

写时序开始后，DS18B20 在一个 15 ~ 60 μs 的时间段窗口内对 I/O 线采样，如果线上是高电平，则写时序 "1"，反之如果是低电平，则是写时序 "0"。

3. 读时序

读时序保持时间与写时序一致，都要维持 60 μs 以上，包括两个读周期期间至少有 1 μs 的恢复时间，当总线控制器把数据从高电平拉低到低电平之后，读时序开始，数据线必须至少保持 1 μs，然后总线被释放，读时序开始，读时序图示如图 8-17 所示。读时序开始后，芯片 DS18B20 通过拉高或者拉低总线电平来传输 "0" 或者 "1"，当传输逻辑 "0" 结束后，总线将被释放，通过上拉电阻恢复到高电平状态，从芯片 DS18B20 输出的数据在读时序的下降沿出现后 15 μs 内有效，所以在读时序开始后要停止把 I/O 引脚驱动为低电平 15 μs，以读取 I/O 脚状态。

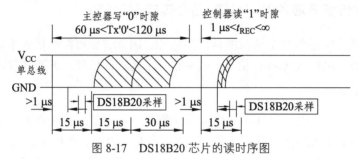

图 8-17　DS18B20 芯片的读时序图

## 8.7　温度传感器芯片 DS18B20 与单片机通信的典型实例

实例要求：利用单片机（示例型号 AT89C51）的 P0 和 P2 引脚连接显示部分（四位数码管），P1 引脚连接报警部分，P3 引脚连接温度传感器芯片（DS18B20）和键盘电路，最终效果是在显示部分（四位数码管）上显示温度传感器芯片（DS18B20）的温度数据，并且还可以根据 P3 引脚的键盘电路设置温度的最大与最小值，如果超过限值，P1 引脚的报警电路会被触发。注意：因为是模拟仿真过程，温度传感器芯片 DS18B20 的数据来源也是用户输入，并不是实际场地的温度信息。

### 8.7.1　温度传感器芯片 DS18B20 与单片机连接仿真和电路图设计

通过 Proteus 绘制项目电路图，并且通过该软件能够制作 PCB 板的功能，实现电路的设计、仿真，Proteus 仿真电路图如图 8-18 所示。

电路图中有以下器件：

7SEG-MPX4-CA：四个共阳极二极管显示器，1、2、3、4 是阳极公共端，在后续代码中，使用共阳极数码管数组；

RESPACK：排阻；

DS18B20：温度传感器单总线传输芯片；

CRYSTAL：晶体振荡器；

2N2905：PNP 型三极管；

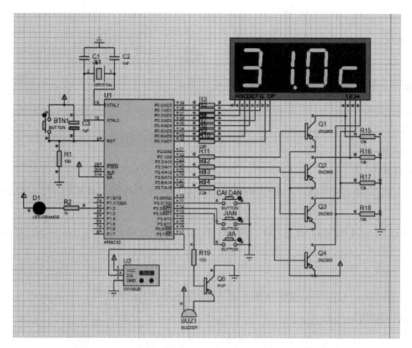

图 8-18　温度传感器 DS18B20 与单片机仿真电路图

以及其他型号的电容电阻。

### 8.7.2　温度传感器芯片 DS18B20 采集信号实训软件设计

本小节主要内容是对温度传感器芯片 DS18B20 使用的单总线通信协议进行详细讲解，本程序代码主要关注的是如何通过控制单片机 I/O 端口的高低电平实现对温度传感器 DS18B20 的启动、终止、响应和传输，同时关注如何使用单片机内部资源（定时计数器和中断等）实现超过限制温度后的报警功能。

下面程序用来模拟单片机 I/O 端口的高低电平转换，实现把温度传感器 DS18B20 的数据从 P3 端口传送到 P0 端口的显示部分 7SEG-MPX4-CA 中。

```
/---------------------------------程序库函数和预处理函数代码----------------------------------/
#include <reg51.h>
#define uint unsigned int
#define uchar unsigned char
sbit SET = P3^1;
sbit DEC = P3^2;
sbit ADD = P3^3;
sbit BEEP = P3^6;
sbit ALAM = P1^2;
sbit DQ = P3^7;
bit shanshuo_st;
```

```c
bit beep_st;
sbit DIAN = P0^5;
uchar x=0;
signed char m;
uchar n;
uchar set_st=0;
signed char shangxian=30;
signed char xiaxian=10;
//uchar code    LEDData[]={0xC0,0xF9,0xA4,0xB0,0x99,0x92,0x82,0xF8,0x80,0x90,0xff};
uchar code
LEDData[]={0x5F,0x44,0x9D,0xD5,0xC6,0xD3,0xDB,0x47,0xDF,0xD7,0xCF,0xDA,0x9B,0xDC,0
x9B,0x8B};

/------------------------------------DS18B20 延时程序和初始化模块--------------------------------/
void Delay_DS18B20(int num)
{
    while(num--) ;
}
void Init_DS18B20(void)
{
    unsigned char x=0;
    DQ = 1;
    Delay_DS18B20(8);
    DQ = 0;
    Delay_DS18B20(80);
    DQ = 1;
    Delay_DS18B20(14);
    x = DQ;
    Delay_DS18B20(20);
}
/-------------------------------------DS18B20 读写数据代码模块-------------------------------------/
unsigned char ReadOneChar(void)
{
    unsigned char i=0;
    unsigned char dat = 0;
    for (i=8;i>0;i--)
    {
        DQ = 0;
        dat>>=1;
```

```
    DQ = 1;
    if(DQ)
    dat|=0x80;
    Delay_DS18B20(4);
  }
  return(dat);
}
void WriteOneChar(unsigned char dat)
{
  unsigned char i=0;
  for (i=8; i>0; i--)
  {
    DQ = 0;
    DQ = dat&0x01;
    Delay_DS18B20(5);
    DQ = 1;
    dat>>=1;
  }
}
```

/-----------------------------DS18B20 读取和确认温度数据代码模块-----------------------------/

```
unsigned int ReadTemperature(void)
{
  unsigned char a=0;
  unsigned char b=0;
  unsigned int t=0;
  float tt=0;
  Init_DS18B20();
  WriteOneChar(0xCC);
  WriteOneChar(0x44);
  Init_DS18B20();
  WriteOneChar(0xCC);
  WriteOneChar(0xBE);
  a=ReadOneChar();
  b=ReadOneChar();
  t=b;
  t<<=8;
  t=t|a;
  tt=t*0.0625;
```

```c
        t= tt*10+0.5;
        return(t);
}

void Delay(uint num)
{
 while( --num );
}
void InitTimer(void)
{
        TMOD=0x1;
        TH0=0x3c;
        TL0=0xb0;
}
void check_wendu(void)
{
        uint a,b,c;
        c=ReadTemperature();
        a=c/100;
        b=c/10-a*10;
        m=c/10;
        n=c-a*100-b*10;
        if(m<0){m=0;n=0;}
        if(m>99){m=99;n=9;}
}
```

/-------------------------------------项目显示部分代码模块-------------------------------------/

```c
void Disp_init(void)
{
        P0 = ~0x80;
        P2 = 0x7F;
        Delay(200);
        P2 = 0xDF;
        Delay(200);
        P2 = 0xF7;
        Delay(200);
        P2 = 0xFD;
        Delay(200);
        P2 = 0xFF;
```

```
}
void Disp_Temperature(void)
{
    P0 = ~0x98;
    P2 = 0x7F;
    Delay(100);
    P2=0xff;
    P0=~LEDData[n];
    P2 = 0xDF;
    Delay(100);
    P2=0xff;
    P0 =~LEDData[m%10];
    DIAN = 0;
    P2 = 0xF7;
    Delay(100);
    P2=0xff;
    P0 =~LEDData[m/10];
    P2 = 0xFD;
    Delay(100);
    P2 = 0xff;
}


/--------------------------------------------项目报警部分代码模块--------------------------------------/
void Disp_alarm(uchar baojing)
{
    P0 =~0x98;
    P2 = 0x7F;
    Delay(100);
    P2=0xff;
    P0 =~LEDData[baojing%10];
    P2 = 0xDF;
    Delay(100);
    P2=0xff;
    P0 =~LEDData[baojing/10];
    P2 = 0xF7;
    Delay(100);
    P2=0xff;
    if(set_st==1)P0 =~0xCE;
    else if(set_st==2)P0 =~0x1A;
```

```c
        P2 = 0xFD;
        Delay(100);
        P2 = 0xff;
}
void Alarm()
{
    if(x>=10){beep_st=~beep_st;x=0;}
    if((m>=shangxian&&beep_st==1)||(m<xiaxian&&beep_st==1))
    {
        BEEP = 0;
        ALAM=0;
    }
    else
    {
        BEEP=1;
        ALAM=1;
    }
}

/---------------------------------------------项目主函数代码模块--------------------------------------/
void main(void)
{
    uint z;
    InitTimer();
    EA=1;
    TR0=1;
    ET0=1;
    IT0=1;
    IT1=1;
    check_wendu();
    check_wendu();
    for(z=0;z<300;z++)
    {
        Disp_init();
    }
    while(1)
    {
        if(SET==0)
        {
```

```
            Delay(2000);
            do{}while(SET==0);
            set_st++;x=0;shanshuo_st=1;
            if(set_st>2)set_st=0;
        }
        if(set_st==0)
        {
            EX0=0;
             EX1=0;
            check_wendu();
            Disp_Temperature();
            Alarm();
        }
        else if(set_st==1)
        {
            BEEP=1;
            ALAM=1;
            EX0=1;
             EX1=1;
            if(x>=10){shanshuo_st=~shanshuo_st;x=0;}
            if(shanshuo_st) {Disp_alarm(shangxian);}
        }
        else if(set_st==2)
        {
            BEEP=1;
            ALAM=1;
            EX0=1;
            EX1=1;
            if(x>=10){shanshuo_st=~shanshuo_st;x=0;}
            if(shanshuo_st) {Disp_alarm(xiaxian);}
            }
    }
}

/--------------------------------项目中断(定时计数器)函数代码模块--------------------------------/
void timer0(void) interrupt 1
{
  TH0=0x3c;
  TL0=0xb0;
```

```
   x++;
}
void int0(void) interrupt 0
{

   EX0=0;
   if(DEC==0&&set_st==1)
   {
       do{
           Disp_alarm(shangxian);
       }
       while(DEC==0);
       shangxian--;
       if(shangxian<xiaxian)shangxian=xiaxian;
   }
   else if(DEC==0&&set_st==2)
   {
       do{
           Disp_alarm(xiaxian);
       }
       while(DEC==0);
       xiaxian--;
       if(xiaxian<0)xiaxian=0;
   }
}
void int1(void) interrupt 2
{
   EX1=0;
   if(ADD==0&&set_st==1)
   {
       do{
           Disp_alarm(shangxian);
       }
       while(ADD==0);
       shangxian++;
       if(shangxian>99)shangxian=99;
   }
   else if(ADD==0&&set_st==2)
   {
```

```
do{
    Disp_alarm(xiaxian);
}
while(ADD==0);
xiaxian++;
if(xiaxian>shangxian)xiaxian=shangxian;
    }
}
```

# 习题

1. 简单描述单总线通信过程（包括初始化、写数据和读数据）。
2. 简单描述 DHT11 温湿度传感器。
3. 完成单总线芯片 DHT11 温度和湿度数据采集程序的编写。
4. 简单描述 DS18B20 温度传感器。
5. 完成单总线芯片 DS18B20 温度数据采集程序的编写。
6. 根据生活所需，设计一个使用 DHT11 温湿度芯片的项目（包括项目目的、程序流图、虚拟仿真、硬件设计和软件实现）。

第九章

# SPI 通信协议与典型电路应用

在前面的内容中我们已经了解到了不少关于时钟的概念，比如我们用的单片机的主时钟是 11.059 2 MHz（或者 12 MHz），时钟本质上都是一个某一频率的方波信号。那么除了这些在前面介绍的时钟概念外，还有一个我们早已熟悉得不能再熟悉的时钟概念——"年-月-日 时：分：秒"，也就是我们的钟表和日历给出的时间，在单片机系统里我们把它称作实时时钟，以区别于前面提到的几种方波时钟信号。在本章中，我们将学习实时时钟的应用，除此之外，还会接触和学习到 C 语言的结构体，它也是 C 语言的精华部分，在以后使用到的嵌入式程序设计过程中，结构体使用频率更高。通过本章我们先来了解它的基础，后面再逐渐达到熟练、灵活的运用。

## 9.1　BCD 码

在日常生产生活中用的最多的数字是十进制数字，而单片机系统的所有数据本质上都是二进制的，如何在十进制和二进制之间建立简单而快速的转换，可以使用 BCD 码转换来实现。

### 9.1.1　BCD 码的概念

BCD 码也称二进码十进数，可分为有权码和无权码两类。其中，常见的有权 BCD 码有 8421 码、2421 码、5421 码，无权 BCD 码有余 3 码、余 3 循环码、格雷码。8421BCD 码是最基本和最常用的 BCD 码，它和四位自然二进制码相似，各位的权值为 8、4、2、1，故称为有权 BCD 码。5421BCD 码和 2421BCD 码同为有权码，它们从高位到低位的权值分别为 5、4、2、1 和 2、4、2、1。余 3 码是由 8421 码加 3 后形成的，是一种"对 9 的自补码"。余 3 循环码是一种变权码，每一位在不同代码中并不代表固定的数值，主要特点是相邻的两个代码之间仅有一位的状态不同。格雷码（也称循环码）是由贝尔实验室的 FrankGray 在 1940 年提出的，用于在用 PCM（脉冲编码调制）方法传送信号时防止出错。格雷码是一个数列集合，它是无权码，它的两个相邻代码之间仅有一位取值不同。余 3 循环码是取 4 位格雷码中的十个代码组成的，它同样具相邻性的特点。

### 9.1.2　BCD 码的分类

#### 1. 8421 码

8421BCD 码是最基本和最常用的 BCD 码，它和四位自然二进制码相似，各位的权值为 8、4、2、1，故称为有权 BCD 码。和四位自然二进制码不同的是，它只选用了四位二进制码中前十组代码，即用 0000 ~ 1001 分别代表它所对应的十进制数，余下的六组代码不用。

#### 2. 5421 和 2421 码

5421BCD 码和 2421BCD 码为有权 BCD 码，它们从高位到低位的权值分别为 5、4、2、1 和 2、4、2、1。这两种有权 BCD 码中，有的十进制数码存在两种加权方法，例如，5421BCD 码中的数码 5，既可以用 1000 表示，也可以用 0101 表示；2421BCD 码中的数码 6，既可以用

1100 表示，也可以用 0110 表示。

3. 余 3 码

余 3 码是 8421BCD 码的每个码组加 3（0011）形成的。常用于 BCD 码的运算电路中。

### 9.1.3　常用 BCD 编码

最常用的 BCD 编码，就是使用"0"至"9"这十个数值的二进码来表示。这种编码方式称为"8421 码"（日常所说的 BCD 码大都是指 8421BCD 码形式）。除此以外，对应不同需求，还有不同的编码方法，常见的 BCD 示例码如表 9-1 所示。

表 9-1　常用 BCD 码示例表

| 十进制数 | 8421 码 | 5421 码 | 2421 码 | 余 3 码 |
|---|---|---|---|---|
| 0 | 0000 | 0000 | 0000 | 0011 |
| 1 | 0001 | 0001 | 0001 | 0100 |
| 2 | 0010 | 0010 | 0010 | 0101 |
| 3 | 0011 | 0011 | 0011 | 0110 |
| 4 | 0100 | 0100 | 0100 | 0111 |
| 5 | 0101 | 1000 | 1011 | 1000 |
| 6 | 0110 | 1001 | 1100 | 1001 |
| 7 | 0111 | 1010 | 1101 | 1010 |
| 8 | 1000 | 1011 | 1110 | 1011 |
| 9 | 1001 | 1100 | 1111 | 1100 |

## 9.2　SPI（串行外设接口）通信协议

### 9.2.1　SPI（串行外设接口）介绍

SPI（Serial Peripheral Interface，串行外设接口）是一种高速的、全双工、同步通信总线，标准的 SPI 也仅仅使用 4 个引脚，常用于单片机和 EEPROM、FLASH、实时时钟、数字信号处理器等器件的通信。SPI 通信原理比 I²C 要简单，它主要是主从方式通信，这种模式通常只有一个主机和一个或者多个从机。标准的 SPI 是 4 根线，分别是 SSEL（片选，也写为 SCS）、SCLK（时钟，也写为 SCK）、MOSI（主机输出从机输入，Master Output/Slave Input）和 MISO（主机输入从机输出，Master Input/Slave Output）。

SSEL：从设备片选使能信号。如果从设备是低电平使能的话，当拉低这个引脚后，从设备就会被选中，主机和这个被选中的从机进行通信。

SCLK：时钟信号，由主机产生，和 I²C 通信的 SCL 有点类似。

MOSI：主机给从机发送指令或者数据的通道。

MISO：主机读取从机的状态或者数据的通道。

产生时钟信号的器件称为主机。主机和从机之间传输的数据与主机产生的时钟同步。同 I²C 接口相比，SPI 器件支持更高的时钟频率。用户应查阅产品数据手册以了解 SPI 接口的时钟频率规格。SPI 接口只能有一个主机，但可以有一个或多个从机。图 9-1 显示了主机和单从机之间的 SPI 连接设置，图 9-2 显示了单主机与多从机的 SPI 连接设置。

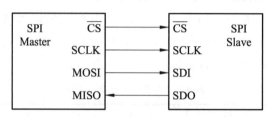

图 9-1　单主机和从机的 SPI 连接设置

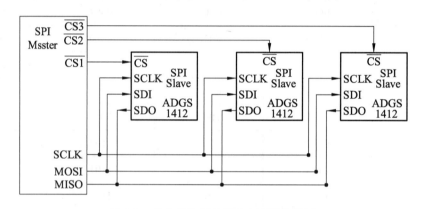

图 9-2　单主机和多从机的 SPI 连接设置

图 9-2 中，来自主机的片选信号用于选择从机。这是一个低电平有效信号，拉高时从机与 SPI 总线断开连接。当使用多个从机时，主机需要为每个从机提供单独的片选信号。

### 9.2.2　SPI（串行外设接口）数据传输

开始 SPI（串行外设接口）数据传输之前，主机必须发送时钟信号，并且能够通过片选信号（CS）选择从机。片选信号一般是低电平有效信号，因此，主机必须在该信号上发送逻辑 0 选择从机。SPI 是全双工接口，主机和从机可以分别通过 MOSI（主机输出、从机输入）和 MISO（主机输入、从机输出）线路同时发送和接收数据。在通信期间，数据的发送（串行数据移出到 MOSI/SDO 总线上）和接收（采样或读入 MISO/SDI 总线上）可以同时进行，互不干扰和影响。SPI 通信协议也允许用户灵活选择时钟的上升沿和下降沿来采样或者移位数据。

SPI 通信的主机即单片机，在读写数据时序的过程中，有四种模式。要了解这四种模式，我们得学习以下两个名词。

CPOL：ClockPolarity，时钟的极性。时钟的极性是指什么呢？通信的整个过程分为空闲时刻和通信时刻，如果 SCLK 在数据发送之前和之后的空闲状态是高电平，那么 CPOL=1，如果空闲状态 SCLK 是低电平，那么 CPOL=0。

CPHA：ClockPhase，时钟的相位。

主机和从机要交换数据，就牵涉到一个问题，即主机在什么时刻输出数据到 MOSI 上而从机在什么时刻采样这个数据，或者从机在什么时刻输出数据到 MISO 上而主机什么时刻采样这个数据。同步通信的一个特点就是所有数据的变化和采样都是伴随着时钟沿进行的，也就是说数据总是在时钟的边沿附近变化或被采样。而一个时钟周期必定包含了一个上升沿和一个下降沿，这是周期的定义所决定的，只是这两个沿的先后并无规定。又因为数据从产生的时刻到其稳定是需要一定时间的，那么，如果主机在上升沿输出数据到 MOSI 上，从机就只能在下降沿去采样这个数据了。反之如果一方在下降沿输出数据，那么另一方就必须在上升沿采样这个数据。

CPHA=1，就表示数据的输出是在一个时钟周期的第一个沿上，至于这个沿是上升沿还是下降沿，这要视 CPOL 的值而定，CPOL=1 就是下降沿，反之就是上升沿。那么数据的采样自然就在第二个沿上了。

CPHA=0，就表示数据的采样是在一个时钟周期的第一个沿上，同样它是什么沿是由 CPOL 决定的。那么数据的输出自然也就在第二个沿上了。仔细想一下，这里会有一个问题：当一帧数据开始传输第一个位时，在第一个时钟沿上就采样该数据了，那么它是在什么时候输出的呢？有两种情况：一是 SSEL 使能的边沿，二是上一帧数据的最后一个时钟沿，有时两种情况还会同时生效。

### 9.2.3　SPI 通信时序分析图

下面以 CPOL=1/CPHA=1 为例，画出的时序图如图 9-3 所示。

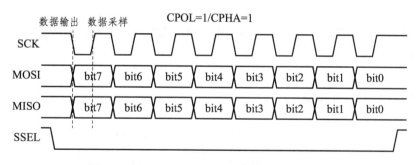

图 9-3　以 CPOL=1/CPHA=1 为例的 SPI 时序图

图 9-3 中，当数据未发送时以及发送完毕后，SCK 都是高电平，因此 CPOL=1。可以看出，在 SCK 第一个沿的时候，MOSI 和 MISO 会发生变化，在 SCK 第二个沿的时候，数据是稳定的，此刻采样数据是合适的，也就是上升沿即一个时钟周期的后沿锁存读取数据，即 CPHA=1。注意最后最隐蔽的 SSEL 片选，这个引脚通常用来决定是哪个从机和主机进行通信。这里把剩余的三种模式通过图形展示出来，如图 9-4 所示。为简化起见，图中把 MOSI 和 MISO 合在一起了，请大家仔细对照研究，把所有的过程都弄清楚，加深理解。

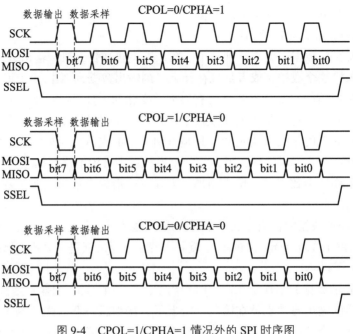

图 9-4　CPOL=1/CPHA=1 情况外的 SPI 时序图

在时序上，SPI 因为没有起始、停止和应答信号，跟网络通信协议 TCP 和 UDP 类似，UART 和 SPI 在通信的时候，只负责通信，不管是否通信成功，而 I²C 却要通过应答信息来获取通信成功失败的信息，所以相对来说，UART 和 SPI 的时序都要比 I²C 简单一些。

## 9.3　使用 SPI 通信协议的应用芯片 DS1302

DS1302 是实时时钟芯片，我们可以通过单片机写入时间或者读取当前的时间数据，下面来学习和了解该芯片。

### 9.3.1　DS1302 芯片描述

DS1302 是 DALLAS（达拉斯）公司推出的一款涓流充电时钟芯片，2001 年 DALLAS 被 MAXIM（美信）收购，因此我们看到的 DS1302 的数据手册里既有 DALLAS 的标志，又有 MAXIM 的标志。DS1302 包含一个实时时钟/日历和 31 个字节的静态 RAM，通过简单的串行接口与微处理器通信，这个实时时钟/日历提供年、月、日、时、分、秒信息，对于少于 31 天的月份在月末会自动调整，还有闰年校正。因为有一个 AM/PM 指示器，时钟可以工作在 12 小时制或者 24 小时制。

最关键的是，SPI 通信协议简化了 DS1302 与单片机的接口连接过程，与时钟/RAM 通信时只需要三根线：CE（片选线）、I/O（数据线）和 SCLK（时钟线）。DS1302 被设计为在非常低的功率控制下还能继续完成工作，例如在低于 1μW 时还能保持数据和时钟信息。相比较上一代 DS1202 芯片，DS1302 还具有双管脚主电源和备用电源、可编程涓流充电器 $V_{CC1}$，并附加 7 个字节的暂存器。此外，DS1302 芯片还具有以下特性：

（1）DS1302 是一个实时时钟芯片，可以提供秒、分、小时、日期、月、年等信息，并且还有软件自动调整的能力，可以通过配置 AM/PM 来决定采用 24 小时格式还是 12 小时格式。

（2）串行 I/O 通信方式，相对并行来说比较节省 I/O 口的使用。

（3）DS1302 的工作电压比较宽，在 2.0～5.5 V 的范围内都可以正常工作。

（4）DS1302 时钟芯片功耗一般都很低，它在工作电压 2.0 V 的时候，工作电流小于 300 nA。

（5）当供电电压是 5V 的时候，兼容标准的 TTL 电平标准，即可以完美地和单片机进行通信。

（6）由于 DS1302 是 DS1202 的升级版本，所以所有的功能都兼容 DS1202。此外，DS1302 有两个电源输入，一个是主电源，另外一个是备用电源，比如可以用电池或者大电容，这样做是为了在系统掉电的情况下，保持时钟继续工作。如果使用的是充电电池，还可以在正常工作时设置充电功能，以给备用电池进行充电。

### 9.3.2　DS1302 引脚封装

DS1302 共有 8 个引脚，有两种封装形式，这里主要以 DIP-8 封装为例，芯片宽度（不含引脚）是 300 mil（1 mil=25.4 μm），如图 9-5 所示。

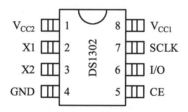

图 9-5　DS1302 引脚封装图

所谓的 DIP（Dual Inline Package）封装，就是双列直插式封装技术，比如我们开发板上的 STC89C52 单片机，就采用了典型的 DIP 封装，当然 STC89C52 还有其他的封装样式，为了方便学习使用，这里采用的是 DIP 封装。DS1302 一共有 8 个引脚，下边要根据引脚分布图和典型电路图来介绍每个引脚的功能：1 脚 $V_{CC2}$ 是主电源正极的引脚，2 脚 X1 和 3 脚 X2 是晶振输入和输出引脚，4 脚 GND 是负极，5 脚 CE 是使能引脚，接单片机的 I/O 口，6 脚 I/O 是数据传输引脚，接单片机的 I/O 口，7 脚 SCLK 是通信时钟引脚，接单片机的 I/O 口，8 脚 $V_{CC1}$ 是备用电源引脚。如果掉电后不需要它再维持运行，也可以悬空，如图 9-6 和图 9-7 所示。

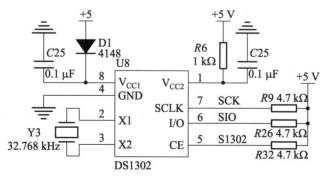

图 9-6　DS1302 电容作备用电源图

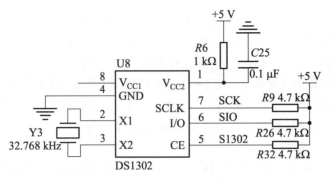

图 9-7　DS1302 无备用电源

DS1302 引脚功能如表 9-2 所示。

表 9-2　DS1302 引脚功能表

| 引脚编号 | 引脚名称 | 引脚功能 |
|---|---|---|
| 1 | $V_{cc2}$ | 主电源引脚，当 $V_{cc2}$ 比 $V_{cc1}$ 高 0.2 V 以上时，DS1302 由 $V_{cc2}$ 供电，当 $V_{cc2}$ 低于 $V_{cc1}$ 时，由 $V_{cc1}$ 供电 |
| 2 | X1 | 这两个引脚需要接一个 32.768 kHz 的晶振，给 DS1302 提供一个基准。应特别注意，这个晶振的引脚负载电容必须是 6 pF。如果使用有源晶振的话，接到 X1 上即可，X2 悬空 |
| 3 | X2 | |
| 4 | GND | 接地 |
| 5 | CE | DS1302 的使能输入引脚。当读写 DS1302 的时候，这个引脚必须是高电平，该引脚内部有一个 40 kΩ 的下拉电阻 |
| 6 | I/O | 这个引脚是一个双向通信引脚，读写数据都是通过这个引脚完成。该引脚的内部含有一个 40 kΩ 的下拉电阻 |
| 7 | SCLK | 输入引脚，用来作为通信的时钟信号。该引脚的内部含有一个 40 kΩ 的下拉电阻 |
| 8 | Vcc1 | 备用电源引脚 |

　　DS1302 电路的一个重点就是晶振电路，它所使用的是一个 32.768 kHz 的晶振，晶振外部也不需要额外添加其他的电容或者电阻。时钟的精度首先取决于晶振的精度以及晶振的引脚负载电容。如果晶振不准或者负载电容过大或过小，都会导致时钟误差过大。在这一切都满足后，最后的一个考虑因素是晶振的温漂。随着温度的变化，晶振的精度也会发生变化，因此，在实际的系统中，应经常校准。

### 9.3.3　DS1302 典型电路

　　DS1302 与单片机的连接也仅需要 3 条线：CE 引脚、SCLK 串行时钟引脚、I/O 串行数据引脚。$V_{cc2}$ 为备用电源，外接 32.768 kHz 晶振，为芯片提供计时脉冲，图 9-8 所示是 DS1302 的典型应用示意图。

　　如何与单片机连接和互相通信是 DS1302 芯片应用的重点，图 9-9 所示为 DS1302 与单片机连接示意图。

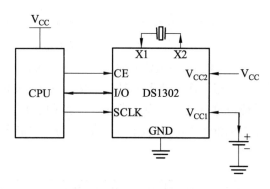

图 9-8　DS1302 典型应用电路

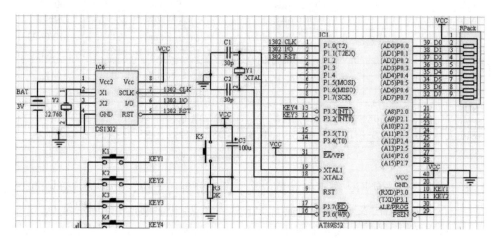

图 9-9　DS1302 与单片机连接示意图

### 9.3.4　DS1302 寄存器介绍

DS1302 的一条指令占一个字节，共 8 位，其中第 7 位（即最高位）固定为 1（这一位如果是 0 的话，那写进去也是无效的）。第 6 位决定是选择 RAM 还是 CLOCK，本小节主要讲 CLOCK 时钟的使用，RAM 功能是不用的，所以如果选择 CLOCK 功能，第 6 位设为 0，如果要用 RAM，那第 6 位就设为 1。第 5 到第 1 位决定了寄存器的 5 位地址，第 0 位是读写位，如果要写，这一位就是 0，如果要读，这一位就是 1。指令字节直观位分配如图 9-10 所示。

| 7 | 6 | 5 | 4 | 3 | 2 | 1 | 0 |
|---|---|---|---|---|---|---|---|
| 1 | RAM / $\overline{CK}$ | A4 | A3 | A2 | A1 | A0 | RD / $\overline{WR}$ |

图 9-10　DS1302 命令字节

DS1302 时钟的寄存器，其中 8 个和时钟有关，5 位地址分别是 00000 ~ 00111，还有一个寄存器的地址是 01000，这是涓流充电所用的寄存器，本小节不涉及。DS1302 的数据手册直接把第 7 位、第 6 位和第 0 位的值给出来了，所以指令就成了 0x80、0x81，最低位是 1，表示读，最低位是 0，表示写，DS1302 时钟寄存器数据结构如图 9-11 所示。

寄存器 0：最高位 CH 是一个时钟停止标志位。如果时钟电路有备用电源，上电后，我们要先检测这一位，如果这一位是 0，那说明时钟芯片在系统掉电后，由于备用电源的供给，时钟是持续正常运行的；如果这一位是 1，那么说明时钟芯片在系统掉电后，时钟部分不工作了。如果 $V_{cc1}$ 悬空或者电池没电了，当下次重新上电时，读取这一位，该位就是 1，我们可以通过这一位判断时钟在单片机系统掉电后是否还在正常运行。剩下的 7 位中，高 3 位是秒的十位，低 4 位是秒的个位。请注意 DS1302 内部是 BCD 码，而秒的十位最大是 5，所以有 3 个二进制位就够了。

| READ | WRITE | BIT 7 | BIT 6 | BIT 5 | BIT 4 | BIT 3 | BIT 2 | BIT 1 | BIT 0 | RANGE |
|------|-------|-------|-------|-------|-------|-------|-------|-------|-------|-------|
| 81h | 80h | CH | | 10 Seconds | | | Seconds | | | 00–59 |
| 83h | 82h | | | 10 Minutes | | | Minutes | | | 00–59 |
| 85h | 84h | $12/\overline{24}$ | 0 | $\overline{10}$ AM/PM | Hour | | Hour | | | 1–12/0–23 |
| 87h | 86h | 0 | 0 | 10 Date | | | Date | | | 1–31 |
| 89h | 88h | 0 | 0 | 0 | 10 Month | | Month | | | 1–12 |
| 8Bh | 8Ah | 0 | 0 | 0 | 0 | 0 | | Day | | 1–7 |
| 8Dh | 8Ch | | | 10 Year | | | Year | | | 00–99 |
| 8Fh | 8Eh | WP | 0 | 0 | 0 | 0 | 0 | 0 | 0 | — |
| 81h | 90h | TCS | TCS | TCS | TCS | DS | DS | RS | RS | — |

图 9-11　DS1302 的时钟寄存器

寄存器 1：最高位未使用，剩下的 7 位中高 3 位是分钟的十位，低 4 位是分钟的个位。

寄存器 2：bit7 是 1 代表是 12 小时制，是 0 代表是 24 小时制；bit6 固定是 0，bit5 在 12 小时制下，0 代表的是上午，1 代表的是下午，在 24 小时制下和 bit4 一起代表了小时的十位，低 4 位代表的是小时的个位。

寄存器 3：高 2 位固定是 0，bit5 和 bit4 是日期的十位，低 4 位是日期的个位。

寄存器 4：高 3 位固定是 0，bit4 是月的十位，低 4 位是月的个位。

寄存器 5：高 5 位固定是 0，低 3 位代表了星期。

寄存器 6：高 4 位代表了年的十位，低 4 位代表了年的个位。应特别注意，这里的 00～99 指的是 2000—2099 年。

寄存器 7：最高位为一个写保护位，如果这一位是 1，那么是禁止给任何其他寄存器或者那 31 个字节的 RAM 写数据。因此在写数据之前，这一位必须先写成 0。

### 9.3.5　DS1302 通信时序介绍

由前文可知，DS1302 有三根线，分别是 CE、I/O 和 SCLK，其中 CE 是使能线，SCLK 是时钟线，I/O 是数据线，与 SPI 通信协议接口类似。事实上，DS1302 的通信协议是 SPI 的变异种类，它用了 SPI 的通信时序，但是没有完全按照 SPI 的规则来规定，下面我们逐步了解 DS1302 的 SPI 编译通信方式。先看一下单字节写入操作，如图 9-12 所示。

然后再对比一下 CPOL=0/CPHA=0 情况下的 SPI 的操作时序，如图 9-13 所示。

对比图 9-12 和图 9-13 的通信时序可知，其中 CE 和 SSEL 的使能控制是反的，对于通信写数据，都是在 SCK 的上升沿，从机进行采样，下降沿的时候，主机发送数据。DS1302 的时序里，单片机要预先写一个字节指令，指明要写入的寄存器的地址以及后续的操作是写操作，然后再写入一个字节的数据。对于单字节读操作，这里就不做对比了，下面把 DS1302 的时序图展示出来，请读者自行参考，如图 9-14 所示。

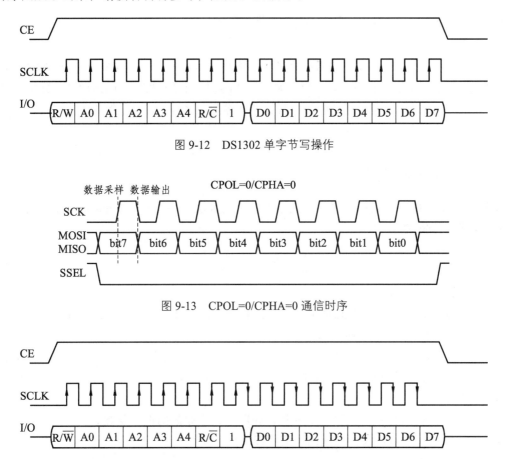

图 9-12　DS1302 单字节写操作

图 9-13　CPOL=0/CPHA=0 通信时序

图 9-14　DS1302 单字节读操作

　　读操作有两处需要特别注意的地方。第一，DS1302 的时序图上的箭头都是针对 DS1302 来说的，因此读操作的时候，先写第一个字节指令，上升沿时 DS1302 锁存数据，下降沿时单片机发送数据。到了第二个字数据，由于该时序过程相当于 CPOL=0/CPHA=0，前沿发送数据，后沿读取数据，第二个字节是 DS1302 下降沿输出数据，单片机是上升沿来读取，因此箭头从 DS1302 角度来说，出现在了下降沿。

　　第二，单片机没有标准的 SPI 接口，和 I²C 一样需要用 I/O 口来模拟通信过程。在读 DS1302 的时候，理论上 SPI 是上升沿读取，但是程序是用 I/O 口模拟的，所以数据的读取和时钟沿的变化不可能是同时了，必然就有一个先后顺序。通过实验发现，如果先读取 I/O 线上的数据，再拉高 SCLK 产生上升沿，那么读到的数据一定是正确的，而颠倒顺序后数据就有可能出错。这个问题产生的原因还是在于 DS1302 的通信协议与标准 SPI 协议存在的差异造成的，如果是标准 SPI 的数据线，数据会一直保持到下一个周期的下降沿才会变化，所以读取数据和上升沿的先后顺序就无所谓了；但 DS1302 的 I/O 线会在时钟上升沿后被 DS1302 释放，也就是撤销强推挽输出变为弱下拉状态，而此时在 51 单片机引脚内部上拉的作用下，I/O 线上的实际电平会慢慢上升，从而导致在上升沿产生后再读取 I/O 数据的话就可能会出错。因此这里的程序按照先读取 I/O 数据，再拉高 SCLK 产生上升沿的顺序来执行。

## 9.4 DS1302 与单片机通信的典型示例

项目要求：设计万年历程序利用单片机（示例型号 AT89C51）的 P0、P1 和 P2 端口分别与显示部分（LCD1602）、按键（4 个独立 KEY）和 SPI 协议时钟芯片（DS1302）连接，最终在 LCD1602 显示。在设置日期的时候，程序基于蔡勒（Zeller）公式会自动计算星期，包含了 BCD 码的处理转换。

### 9.4.1 蔡勒公式介绍

蔡勒公式是一种计算某一日属一星期中哪一日的算法，由蔡勒（Julius Christian Johannes Zeller）推算出，公式为

$$w = \left( y + \left[ \frac{y}{4} \right] + \left[ \frac{c}{4} \right] - 2c + \left[ \frac{26(m+1)}{10} + d - 1 \right] \right) \bmod 7$$

公式中的符号含义如下：

$W$——星期（计算所得的数值对应的星期：0：星期日；1：星期一；2：星期二；3：星期三；4：星期四；5：星期五；6：星期六）；

$C$——年份前两位数；$y$——年份后两位数；$m$——月（$m$ 的取值范围为 3 ~ 14，即在蔡勒公式中，某年的 1、2 月要看作上一年的 13、14 月来计算，比如 2003 年 1 月 1 日要看作 2002 年的 13 月 1 日来计算）；$d$——日；

[ ]——称作高斯符号，代表向下取整，即取不大于原数的最大整数；

$mod$——同余（这里代表括号里的答案除以 7 后的余数）。

### 9.4.2 项目仿真和电路图设计

通过 Proteus 绘制项目电路图，并且通过该软件制作 PCB 板，实现电路的设计、仿真和实现，Proteus 仿真电路图如图 9-15 所示。

利用 Proteus 绘制基于 DS1302 的万年历仿真电路图有以下器件：

LM016L：2 行 16 列液晶，EN 三个控制端口（共 14 线），工作电压为 5 V，无背光，可显示 2 行 16 列英文字符，有 8 位数据总线 D0 ~ D7；

RESPACK：排阻；

DS1302：涓流充电时钟芯片；

POT：滑线变阻器；

BUTTON：独立按键；

CRYSTAL：晶体振荡器；

RES：电阻。

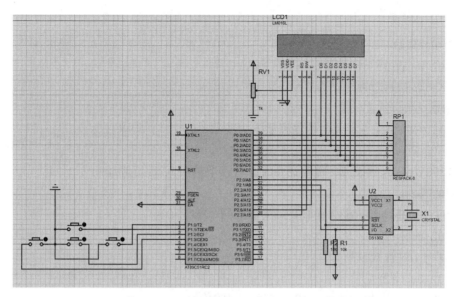

图 9-15　利用 Proteus 绘制基于 DS1302 的万年历仿真电路图

### 9.4.3　项目软件设计

本章主要内容是对涓流充电时钟芯片使用的 SPI 通信协议进行详细讲解，而本程序中涉及的定时计数器、LCD1602 和串行数据传输等功能程序已经在前面章节介绍，所以在本次程序讲解过程中不详解，请主要关注高低电平和延时程序是如何利用 RST 和 SCLK 模拟 SPI 通信协议传输的效果。

下面设计一个程序,先将 2019 年 10 月 8 号星期二 12 点 30 分 00 秒这个时间写到 DS1302 内部，让 DS1302 正常运行，然后再不停地读取 DS1302 的当前时间，并显示在液晶屏上。

/------------------------------------------LCD1602.c　文件程序源代码------------------------------------------/
因为 LCD1602 相关程序已在前面章节讲述，这里不再赘述，可参考前述章节内容。
/------------------------------------------DS1302.c　文件程序源代码------------------------------------------/

```c
#include "reg51.h"
#include "intrins.h"
#include "type.h"
#include "DS1302.h"

void DS1302WriteByte(uchar dat);
uchar DS1302ReadByte();
void ds1302_delay(uchar cnt)
{
    while(cnt --);
}
uchar DS1302Read(uchar cmd)     //读取一个字节的数据
{
```

```c
    uchar dat;
    RST=0;//初始 CE 线置为 0
    ds1302_delay(2);
    SCLK=0;//初始时钟线置为 0
    ds1302_delay(2);
    RST=1;//初始 CE 置为 1，传输开始
    ds1302_delay(2);
    DS1302WriteByte(cmd);//传输命令字，要读取的时间/日历地址
    ds1302_delay(2);
    dat=DS1302ReadByte();//读取要得到的时间/日期
    ds1302_delay(2);
    SCLK=1;//时钟线拉高
    ds1302_delay(2);
    RST=0;//读取结束，CE 置为 0，结束数据的传输
    ds1302_delay(2);
    return dat;//返回得到的时间/日期
}

void DS1302Write(uchar cmd, uchar dat)    //写一个字节的数据
{
    RST=0; //初始 CE 线置为 0
    ds1302_delay(2);
    SCLK=0; //初始时钟线置为 0
    ds1302_delay(2);
    RST=1; //初始 CE 置为 1，传输开始
    ds1302_delay(2);
    DS1302WriteByte(cmd); //传输命令字，要写入的时间日历地址
    ds1302_delay(2);
    DS1302WriteByte(dat); //写入要修改的时间/日期
    SCLK=1; //时钟线拉高
    ds1302_delay(2);
    RST=0; //读取结束，CE 置为 0，结束数据的传输
    ds1302_delay(2);
}

void DS1302WriteByte(uchar dat)    //写入 8 bit 数据
{
    uchar i;
    SCLK=0;//初始时钟线置为 0
```

```
        ds1302_delay(1);
        for(i=0;i<8;i++)//开始传输 8 个字节的数据
        {
            SDA=dat&0x01;//取最低位，注意 DS1302 的数据和地址都是从最低位开始传输的
            ds1302_delay(1);
            SCLK=1;//时钟线拉高，制造上升沿，SDA 的数据被传输
            ds1302_delay(1);
            SCLK=0;//时钟线拉低，为下一个上升沿做准备
            dat>>=1;//数据右移一位，准备传输下一位数据
        }
}

uchar DS1302ReadByte()
{
        uchar i,dat;
        _nop_();
        for(i=0;i<8;i++)
        {
            dat>>=1;//要返回的数据左移一位
            if(SDA==1)//当数据线为高时，证明该位数据为 1
            dat|=0x80;//要传输数据的当前值置为 1,若不是,则为 0
            SCLK=1;//拉高时钟线
            ds1302_delay(1);
            SCLK=0;//制造下降沿
            ds1302_delay(1);
        }
        return dat;//返回读取出的数据
}

/-------------------------------------------主函数程序源代码-------------------------------------------/
#include "reg51.h"
#include "1602.h"
#include "ds1302.h"
#include "type.h"
#include "stdio.h"
#include "stdlib.h"
#include "string.h"

#define sec timer[0]
```

```c
#define min timer[1]
#define hour timer[2]
#define day timer[3]
#define month timer[4]
#define week timer[5]
#define year timer[6]
uchar timer[7] = {0x55, 0x55, 0x15, 0x19, 0x12, 2, 0x17};
code char week_str[7][3] = {
    "Sun",
    "Mon",
    "Tue",
    "Wed",
    "Thu",
    "Fri",
    "Sat"};
char date_str[] = "20  /  /       ";
char time_str[] = "     :  :   ";
uchar select_index = 0;
bit save_flag = 0;
sbit key_right = P1^0;
sbit key_add   = P1^1;
sbit key_sub   = P1^2;
sbit key_save  = P1^3;
void DS1302_Set(void)
{
    uchar i;
    DS1302Write(0x8e, 0x00); //写保护关
    for (i = 0; i < 7; i++)
    {
        DS1302Write(0x80 + 2 * i, timer[i]); //写入初始时间
    }
    DS1302Write(0x8e, 0x80); //写保护开
}
void time_display_update() //时间显示更新程序
{
    sec = DS1302Read(0x81);    //读取秒
    min = DS1302Read(0x83);    //读取分
    hour = DS1302Read(0x85);   //读取时
    day = DS1302Read(0x87);    //读取日
```

```c
    week = DS1302Read(0x8b);    //读取星期
    month = DS1302Read(0x89); //读取月
    year = DS1302Read(0x8d);    //读取年
}

void Delay100ms(uchar k) //@12.000 MHz
{
    unsigned char i, j;
    while (k--)
    {
        i = 195;
        j = 138;
        do
        {
            while (--j)
                ;
        } while (--i);
    }
}
void Timer0Init(void) //15 ms@12.000 MHz
{
    TMOD &= 0xF0; //设置定时器模式
    TMOD |= 0x01; //设置定时器模式
    TL0 = 0x68;     //设置定时初值
    TH0 = 0xC5;     //设置定时初值
    TF0 = 0;        //清除 TF0 标志
    TR0 = 1;        //定时器 0 开始计时
    ET0 = 1;
    EA = 1;
}
void bcd_add(uchar *bcd,uchar max)
{
    uchar real_num ;
    real_num = ((*bcd)>>4)*10;
    real_num += (*bcd)&0x0f;
    if(real_num < max)
    {
        real_num ++;
    }
```

```c
    *bcd = (real_num/10)<<4;
    *bcd += real_num%10;
}
void bcd_sub(uchar *bcd,uchar min)
{
    uchar real_num ;
    real_num = ((*bcd)>>4)*10;
    real_num += (*bcd)&0x0f;
    if(real_num > min)
    {
        real_num --;
    }
    *bcd = (real_num/10)<<4;
    *bcd += real_num%10;
}

uint is_leap_year(uint y)
{
    return (y%100!=0&&y%4==0)||(y%400 == 0);
}

uchar bcd_to_dec(uchar bcd)
{
    uchar real_num;
    real_num = ((bcd)>>4)*10;
    real_num += (bcd)&0x0f;
    return real_num;
}
void key_scan(void)
{
    static uchar step = 0, cnt = 0;
    P1 |= 0X0F;
    switch (step)
    {
    case 0:
        cnt = 0;
        if ((P1 & 0X0F) != 0X0F)
            step = 1;
        break;
```

```
case 1:
    step = 2;
    switch ((P1 & 0X0F))
    {
    case (~(0xF1)):
        select_index ++;
        if(select_index > 6)
            select_index = 0;
        break;
    case (~(0xF2)):
        switch(select_index)
        {
            case 1:
                bcd_add(&year,99);
                break;
            case 2:
                bcd_add(&month,12);
                switch(month)
                {
                    case 0x02:
                        if(is_leap_year(2000+bcd_to_dec(year)))
                        {
                            if(day > 0x29)
                                day = 0x29;
                        }
                        else
                        {
                            if(day > 0x28)
                                day = 0x28;
                        }
                        break;
                    case 0x04:
                    case 0x06:
                    case 0x09:
                    case 0x11:
                            if(day > 0x30)
                                day = 0x30;
                        break;
                }
```

```
                    break;
                case 3:
                    switch(month)
                    {
                        case 0x02:
                            if(is_leap_year(2000+bcd_to_dec(year)))
                                bcd_add(&day,29);
                            else
                                bcd_add(&day,28);
                            break;
                        case 0x04:
                        case 0x06:
                        case 0x09:
                        case 0x11:
                                bcd_add(&day,30);
                            break;
                        case 0x01:
                        case 0x03:
                        case 0x05:
                        case 0x07:
                        case 0x08:
                        case 0x10:
                        case 0x12:
                                bcd_add(&day,31);
                            break;
                    }
                    break;
                case 4:
                    bcd_add(&hour,23);
                    break;
                case 5:
                    bcd_add(&min,59);
                    break;
                case 6:
                    bcd_add(&sec,59);
                    break;
            }
            break;
        case (~(0xF4)):
```

```
switch(select_index)
{
    case 1:
        bcd_sub(&year,0);
        break;
    case 2:
        bcd_sub(&month,1);
        switch(month)
        {
            case 0x02:
                if(is_leap_year(2000+bcd_to_dec(year)))
                {
                    if(day > 0x29)
                        day = 0x29;
                }
                else
                {
                    if(day > 0x28)
                        day = 0x28;
                }
                break;
            case 0x04:
            case 0x06:
            case 0x09:
            case 0x11:
                    if(day > 0x30)
                        day = 0x30;
                break;
        }
        break;
    case 3:
        bcd_sub(&day,1);
        break;
    case 4:
        bcd_sub(&hour,0);
        break;
    case 5:
        bcd_sub(&min,0);
        break;
```

```
                        case 6:
                                bcd_sub(&sec,0);
                                break;
                    }
                    break;
            case (~(0xF8)):save_flag = 1;
                    break;
            default:step = 0;
                    break;
            }
            break;
        case 2:
            if ((P1 & 0X0F) == 0X0F)
                step = 3;
            else
            {
                //cnt++;
                if (cnt > 70)
                {
                    cnt = 55;
                    step = 1;
                }
            }
            break;
        case 3:
            if ((P1 & 0X0F) == 0X0F)
                step = 0;
            else
                step = 2;
            break;
        }
}
uchar calc_week(uchar y,uchar m,uchar d)
{
    uint temp = 0,m_tmp=0;
    uchar week_temp;
    y = bcd_to_dec(y);
    m = bcd_to_dec(m);
    d = bcd_to_dec(d);
```

```c
        if(m > 2)
        {
            m_tmp = m+1;
            temp = 26*m_tmp;
            temp /= 10;
            week_temp = (y+(y/4)+(temp&0xff)+d-36)%7;
        }
        else
        {
            m_tmp = m+13;
            temp = 26*m_tmp;
            temp /= 10;
            week_temp = (y - 1+((y - 1)/4)+(temp&0xff)+d-36)%7;
        }
        return week_temp;
}
void main()
{
        bit blink_flag = 0;
        Delay100ms(3);
        lcd1602init();
        Timer0Init();
        if ((P1 & 0X0F) != 0X0F)
        {
            Delay100ms(1);
            if((P1 & 0X0F) != 0X0F)
            {
                DS1302_Set();
                display_string(1, "Reset date OK    ");
                display_string(2, "                ");
                Delay100ms(3);
            }
            while((P1 & 0X0F) != 0X0F);
            while((P1 & 0X0F) != 0X0F);
            while((P1 & 0X0F) != 0X0F);
            display_string(1, "                ");
            display_string(2, "                ");
            Delay100ms(1);
```

```c
    }
    while (1)
    {
        if(select_index == 0)
            time_display_update();
        week = calc_week(year,month,day);

        date_str[2] = (year >> 4) + '0';
        date_str[3] = (year & 0x0f) + '0';
        date_str[5] = (month >> 4) + '0';
        date_str[6] = (month & 0x0f) + '0';
        date_str[8] = (day >> 4) + '0';
        date_str[9] = (day & 0x0f) + '0';
        date_str[11] = week_str[week][0];
        date_str[12] = week_str[week][1];
        date_str[13] = week_str[week][2];

        time_str[2] = (hour >> 4) + '0';
        time_str[3] = (hour & 0x0f) + '0';
        time_str[5] = (min >> 4) + '0';
        time_str[6] = (min & 0x0f) + '0';
        time_str[8] = (sec >> 4) + '0';
        time_str[9] = (sec & 0x0f) + '0';

        if(blink_flag)
        {
            switch(select_index)
            {
                case 1:
                date_str[2] = ' ';
                date_str[3] = ' ';
                    break;
                case 2:
                date_str[5] = ' ';
                date_str[6] = ' ';
                    break;
                case 3:
                date_str[8] = ' ';
                date_str[9] = ' ';
```

```c
                            break;
                    case 4:
                    time_str[2] = ' ';
                    time_str[3] = ' ';
                            break;
                    case 5:
                    time_str[5] = ' ';
                    time_str[6] = ' ';
                            break;
                    case 6:
                    time_str[8] = ' ';
                    time_str[9] = ' ';
                            break;

                }
            }

            if(save_flag)
            {
                DS1302_Set();
                display_string(1, "The new data     ");
                display_string(2, "Save OK          ");
                select_index = 0;
                save_flag = 0;
            }
            else
            {
                display_string(1, date_str);
                display_string(2, time_str);
            }
            blink_flag = !blink_flag;
            Delay100ms(2);
        }
}

void t0_handle(void) interrupt 1
{
    TL0 = 0x68; //设置定时初值
    TH0 = 0xC5; //设置定时初值
```

```
        key_scan();
}
```

### 9.4.4  项目仿真结果

经过对 SPI 通信协议的理解和对 DS1302 芯片的学习,我们通过绘制电路仿真图和编写程序,最终实现 DS1302 的万年历显示项目,如图 9-16 所示。

作为串行通信协议之一的 SPI 通信协议,不论是与 51 单片机的连接和通信,还是与其他 MCU 的连接和通信,都是今后应用的主要通信方式之一,近年来,能否掌握 SPI 通信协议也是能否获得一份嵌入式软硬件设计相关工作的考核范围之一,所以,通过对 DS1302 芯片的应用,完全理解和掌握 SPI 通信协议是单片机学习过程中的重要部分。

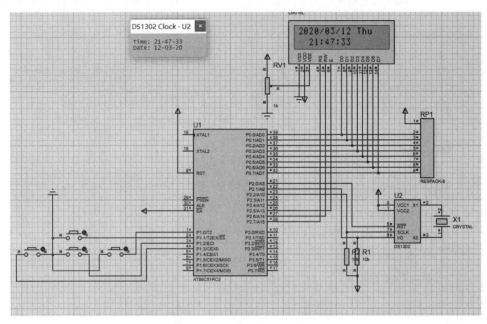

图 9-16  利用 DS1302 实现对 SPI 通信协议的效果图

## 习题

1. 理解 BCD 码的原理。
2. 理解 SPI 的通信原理,以及 SPI 通信过程的四种模式配置。
3. 能够结合教程阅读 DS1302 的英文数据手册,学会 DS1302 的读写操作。
4. 理解复合数据类型的结构和用法。
5. 能够独立完成带按键功能的万年历程序。

第十章

# IIC 通信协议与
# 典型电路应用

单片机常用通信协议中，IIC 通信协议是常用协议之一。该通信总线是由 PHILIPS 公司开发的两线式串行总线，常用于连接微处理器及其外围芯片。IIC 总线的主要特点是接口方式简单，只需两条线就可挂载多个参与通信的器件，即多机模式，并且任何一个器件都可以作为主机用来发布指令和数据。

从原理上来讲，以前学过的 UART 属于异步通信，比如计算机发送给单片机，计算机只负责把数据通过 TXD 发送出来即可，接收数据是由单片机负责的事情。而 IIC 属于同步通信，在 IIC 通信总线中，SCL 时钟总线负责收发时钟节拍，SDA 数据总线负责传输数据。IIC 的发送方和接收方都要以 SCL 这个时钟节拍为基准进行数据的发送和接收。

从应用上来讲，串行 UART 通信多用于板间通信，比如单片机和计算机的通信，这个设备和另外一个设备之间的通信。IIC 多用于板内通信，比如单片机和板载芯片之间的通信。

## 10.1　IIC 时序初步认识

### 10.1.1　IIC 时序概述

IIC（inter-Integrated circuit，两线式串行总线），用于 MCU 和外设间的通信。

在硬件上，IIC 总线由时钟总线 SCL 和数据总线 SDA 两条总线构成，以半双工方式实现 MCU 和外设之间数据传输，速度可达 400 kb/s，连接到总线上的所有器件的时钟总线 SCL 都连到一起，所有数据总线 SDA 也连到一起。IIC 总线是开漏并联的结构，外部要添加上拉电阻。对于开漏电路外部加上拉电阻，就组成了线"与"的关系。总线上线"与"的关系意义是指，所有接入的器件在该条总线上保持高电平，这条线才是高电平，但是其中任何一个器件输出低电平，那这条线就会保持低电平，因此该方式可以做到任何一个器件都可以拉低电平，这样也就说明任何一个器件都可以作为主机。

绝大多数情况下用单片机都用作主机，并通过 IIC 总线挂载多个器件，其中每一个都像门牌一样有自己唯一的地址，在信息传输的过程中，通过这个地址就可以正常识别到属于自己的信息。图 10-1 所示为挂载多个 IIC 从机的示意图。

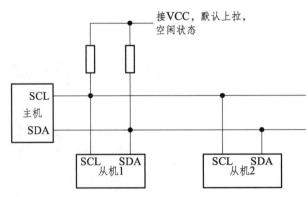

图 10-1　挂载多个 IIC 从机示意图

### 10.1.2　IIC 时序协议

前面介绍 UART 串行通信的时候，说明了通信流程分为起始位、数据位、停止位这三部分，同理在 IIC 中也有起始信号、数据传输和停止信号的定义，如图 10-2 所示。

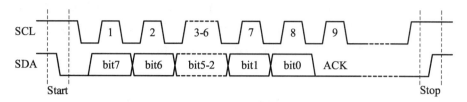

图 10-2 IIC 时序流程图

从图 10-2 可以看出来，IIC 和 UART 时序流程类似，同时也有区别。UART 每一个字节中，都有 1 个起始位、8 个数据位、1 个停止位。而 IIC 分为起始信号、传输信号、停止信号。其中传输信号部分，可以单次传输很多个字节，字节数是不受限制的，而每个字节的数据最后也接着一个应答位，通常用 ACK 表示，相当于 UART 的停止位。

下面对 IIC 通信时序进行具体分析。由于之前已经学过了串行 UART，建立了传输的概念，因此学习 IIC 时以 UART 来做比较，有助于理解。在 UART 通信过程中，虽然用了 TXD 和 RXD 两根线，但是实际使用中，只需一条线就可以完成，用两根线只是把发送和接收分开而已。但是 IIC 每次通信时，不管是发送还是接收，必须两根线都参与工作才能完成，为了更方便地理解每一位的传输流程，下面把 IIC 的数据传输过程分离出来。

1. 数据有效性规定

IIC 总线进行数据传送时，时钟信号为高电平期间，数据线上的数据必须保持稳定，只有在时钟线上的信号为低电平期间，数据线上的高电平或低电平状态才允许变化，如图 10-3 所示。

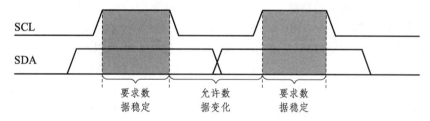

图 10-3 IIC 数据有效性示意图

2. 起始和终止信号

SCL 线为高电平期间，SDA 线由高电平向低电平的变化来表示起始信号；SCL 线为高电平期间，SDA 线由低电平向高电平的变化来表示终止信号，如图 10-4 所示。

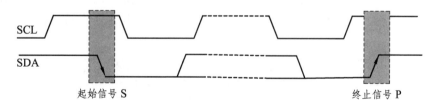

图 10-4 IIC 起始和终止信号示意图

起始和终止信号都是由主机发出的，在起始信号产生后，总线就处于被占用的状态；在终止信号产生后，总线就处于空闲状态。连接到 IIC 总线上的器件，若具有 IIC 总线的硬件接口，则很容易检测到起始和终止信号。接收器件收到一个完整的数据字节后，有可能需要完成一些其他工作，如处理内部中断服务等，可能无法立刻接收下一个字节，这时接收器件可以将 SCL 线拉成低电平，从而使主机处于等待状态。直到接收器件准备好接收下一个字节时，再释放 SCL 线使之为高电平，从而使数据传送可以继续进行。

3. 数据应答格式

每当主机向从机发送完一个字节的数据，主机总是需要等待从机给出一个应答信号，以确认从机是否成功接收到了数据，从机应答主机所需要的时钟仍是主机提供的，应答出现在每一次主机完成 8 个数据位传输后紧跟着的时钟周期内，低电平 0 表示应答，1 表示非应答，如图 10-5 所示。

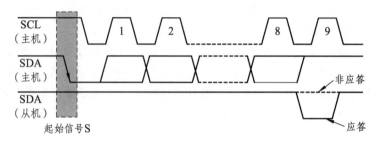

图 10-5　IIC 数据应答格式示意图

4. 数据帧格式

IIC 总线上传送的数据信号是广义的，既包括地址信号，又包括真正的数据信号。

起始信号后为一个从机的地址（7 位），第 8 位是数据的传送方向位（R/T），用"0"表示主机发送数据（T），"1"表示主机接收数据（R）。每次数据传送总是由主机产生的终止信号结束。但是，若主机希望继续占用总线进行新的数据传送，则可以不产生终止信号，立即再次发出起始信号对另一从机进行寻址。注意：在驱动 MPU6050 模块的时候，会犯这样的错误：写 MPU6050 从机地址为 0x68。因为发送从机地址的时候，要加一位读写方向位，刚开始应该是向 MPU6050 里写从机里某个寄存器的地址，所以应该是 7 位地址 0x68（1101000）+二进制位 0=11010000，也就是 0xD0，表示要向该 IIC 设备里写数据，然后再紧接着写入 IIC 设备里的寄存器地址，而如果直接写入了 0x68，会导致出错。

在总线的一次数据传输过程中，可以有以下几种组合方式：

（1）主机向从机发送数据，数据传送方向在整个传输过程中不发生改变，具体传输过程如图 10-6 所示。其中，有阴影部分表示数据由主机向从机传送，无阴影部分则表示数据由从机向主机传送；A 表示应答（低电平）；A̅ 表示非应答（高电平）；S 表示起始信号；P 表示终止信号。

图 10-6　IIC 从主机到从机发送数据格式

（2）主机在第一个字节后，立即从从机读数据，传输数据格式如图 10-7 所示。

在传送过程中，当需要改变传送方向时，起始信号和从机地址都被重复产生一次，但两次读/写方向位正好反向，反向的数据传输格式如图 10-8 所示。

| S | 从机地址 | 1 | A | 数据 | A | 数据 | $\overline{A}$ | P |
|---|---|---|---|---|---|---|---|---|

图 10-7　IIC 从主机到从机读取数据传输格式

| S | 从机地址 | 0 | A | 数据 | A/$\overline{A}$ | S | 从机地址 | 1 | A | 数据 | $\overline{A}$ | P |
|---|---|---|---|---|---|---|---|---|---|---|---|---|

图 10-8　IIC 数据反向格式

### 10.1.3　单片机模拟 IIC 时序信号代码

51 单片机 I/O 端口不具有 IIC 数据传输功能，因此可以采取通过软件控制电平高低的操作来实现 IIC 数据传输。下面是起始信号检测、终止信号检测、应答信号、非应答信号、等待应答信号、接收一个字节和读取一个字节的基本代码指令。

**1. 起始信号代码**

```
void IIC_Start(void)
{
    SDA = 1;          //先将 SDA 和 SCL 都拉高，为起始信号做准备
    SCL = 1;
    Delay();          //延时稳定
    SDA = 0;          //拉低 SDA 线,由高到低跳变
    Delay();          //延时稳定
    SCL = 0;          //拉低 SCL 线,钳住 IIC 总线
}
```

**2. 终止信号代码**

```
void IIC_Stop(void)
{
    SCL = 0;          //先将 SDA 和 SCL 都拉低，为起始信号做准备
    SDA = 0;
    Delay();          //延时稳定
    SCL = 1;          //拉高 SCL，等待 SDA 上升沿
    Delay();          //延时稳定
    SDA = 1;          //拉高 SDA
    Delay();
    SCL = 0;          //拉低 SCL，钳住总线
}
```

**3. 应答信号代码**

```
void IIC_Ack(void)
{
```

```
    SCL = 0;                    //先将 SDA 和 SCL 都拉低，为起始信号做准备
    SDA = 0;
    Delay();                    //延时稳定
    SCL = 1;                    //将 SCL 拉高
    Delay();                    //在此延时阶段，SDA 一直为低
    SCL = 0;                    //拉低 SCL
}
```

4. 非应答信号代码

```
void IIC_NAck(void)
{
    SCL = 0;                    //将 SCL 拉低，为高电平做准备
    SDA = 1;                    //将 SDA 先拉高
    Delay2us();
    SCL = 1;                    //拉高 SCL
    Delay5us();
    SCL = 0;
}
```

5. 等待应答信号代码

```
bit IIC_Wait_Ack(void)
{
    uint8_t temp = 0;    //定义临时计数变量
    SDA = 1;             //先拉高 SDA
    Delay();             //延时稳定
    SCL = 1;         //拉高 SCL 准备读取 SDA 线，SDA 和 SCL 同时为高，释放总线控制权
    Delay();
    while(SDA)    //当 SDA 拉低变为低电平的时候表示有效答应，调出循环
    {
        temp++;
        if(temp>250)
        {
            IIC_Stop();
            return 1; //没有答应返回 1
        }
    }
    SCL = 0;
    return 0; //有答应，返回 0
}
```

## 6. 发送一个字节代码

```
void IIC_Send_Byte(uint8_t dat)
{
    uint8_t t; //临时计数变量
    SCL = 0; //拉低 SCL，钳住总线，准备发送数据
    for(t=0;t<8;t++) //循环 8 次，1 次发送 1 位
    {
        SDA = (dat&0x80)>>7; //去低四位，然后左移七位，先发高位
        dat=dat<<1; //将数据右移一位，等待下一次发送
        SCL = 1; //拉高 SCL，等待从器件读取 SDA
        Delay(); //延时稳定
        SCL= 0; //拉低 SCL，钳住总线，准备发送数据
        Delay(); //延时稳定
    }
}
```

## 7. 接收一个字节代码

```
uint8_t IIC_Read_Byte(uint8_t ack)
{
    uint8_t i,value;
    value = 0;
    for (i = 0; i < 8; i++)
    {
        value <<= 1; //数据左移，为下一次读取腾出位置
        SCL = 1;
        Delay();
        if (SDA) //如果 SDA 为 1，则 value 自加
        {
            value++;
        }
        SCL = 0; //钳住总线，准备下一次读取
        Delay();
    }
        if(ack==0) //读取完毕，判断答应信号
        i2c_NAck();
    else
        i2c_Ack();
    return value; //返回读取到的值
}
```

## 10.2 IIC 通信协议 AT24C02 芯片

下面我们使用 AT24C02 芯片来对 IIC 通信协议进行实践。

### 10.2.1 AT24C02 芯片概述

AT24C02 是一个 2 kb 位串行 CMOS EEPROM 芯片，该芯片内部含有 256 个字节，有一个 8 字节页写入缓冲器。器件通过 IIC 总线接口进行操作，可工作在低电压低功耗模式下，常应用于工业场景中，封装形式一般为：PDIP、SOIC、MAP、SSOP，图 10-9 所示是 PDIP 封装形式。

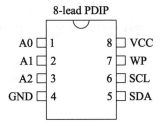

图 10-9 AT24C02 的 PDIP 封装形式示图

**1. AT24C02 芯片特性**

可工作于低电压和低功耗模式；

两线为串行接口，连接方式简单；

双向数据可同时传输；

高可靠性：可达一百万次读写操作，数据保存长达 100 年；

满足工业级（高温高湿）要求。

**2. AT24C02 引脚功能**

AT24C02 引脚功能如表 10-1 所示。

表 10-1 AT24C02 芯片引脚功能表

| 引脚 | 功能说明 |
|------|----------|
| A0 ~ A2 | 地址输入 |
| SDA | 串行数据 |
| SCL | 串行时钟 |
| WP | 写保护 |
| NC | 可不连接 |

寻址引脚（A0、A1 和 A2）：A0、A1 和 A2 引脚用于多器件之间的寻址操作，将这些输入引脚上的电平与从器件地址中的相应位做比较，如果比较结果为"真"，则该器件被选中，地址寻址工作完成。在本章实验中，片选信号地址输入引脚 A0、A1 和 A2 被直接接到逻辑 0（也就是接地）上，直接由单片机控制其应用，寻址功能并没有被使用，但是如果有多个器件，该功能被正确使用即可达到寻址的目的和效果。

数据引脚（SDA）：串行数据引脚为双向引脚，用于把地址和数据输入/输出器件，该引脚为漏极开路电路，需要外接上拉电阻。

AT24C02 芯片工作参数如表 10-2 所示。

表 10-2　AT24C02 芯片工作参数统计表

| 名　称 | 参　数 |
| --- | --- |
| 工作温度 | −55～+125 ℃ |
| 存储温度 | −65～+150 ℃ |
| 引脚对地耐压 | −1～+7 V |
| 最大工作电压 | 6.25 V |
| 输出电流 | 5 mA |

### 3. AT24C02 总线工作原理

IIC 总线进行数据传送时，时钟信号为高电平期间，数据线上的数据必须保持稳定，只有在时钟线上的信号为低电平期间，数据线上的高电平或低电平状态才允许变化。下面按照芯片使用逻辑将 AT24C02 起始和终止信号、数据传送信号的总线工作原理进行总结：

起始和终止信号：SCL 线为高电平期间，SDA 线由高电平向低电平的变化表示起始信号；SCL 线为高电平期间，SDA 线由低电平向高电平的变化表示终止信号。AT24C02 起始和终止信号时序如图 10-10 所示。

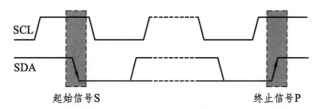

图 10-10　AT24C02 起始和终止信号时序图

起始和终止信号模块代码示例：

```
void init()         //初始化程序模块
{
    SCL=1;
    SDA=1;
}
void start()        //启动信号程序模块
{
    SDA=1;
    SCL=1;
    SDA=0;
}
void stop()         //停止信号程序模块
{
```

```
    SDA=0;
    SCL=1;
    SDA=1;
}
```

数据传送信号：每一个字节必须保证是 8 位长度。数据传送时，先传送最高位（MSB），每一个被传送的字节后面都必须跟随一位应答位（即一帧共有 9 位）。如果一段时间内没有收到从机的应答信号，则自动认为从机已正确接收到数据。

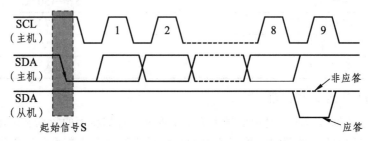

图 10-11　AT24C02 数据传输时序图

回应信号模块代码示例：

```
void respons()        //回应信号程序模块
{
    uchar i=0;SCL=1;
    while((SDA==1)&&(i<255));
    i++;
    SCL=0;
}
void write_add(uchar address,uchar info)//写入数据程序模块
{
    start();
    writebyte(0xa0);    //在 AT24C02 芯片地址中，0xa0 为写，0xa1 为读
    respons();
    writebyte(address);
    respons();
    writebyte(info);
    respons();
    stop();
}
uchar read_add(uchar address)    //写入数据程序模块
{
    uchar dd;
    start();
    writebyte(0xa0);
```

```
respons();
writebyte(address);
respons();
start();
writebyte(0xa1);
respons();
dd=readbyte();
stop();
return dd;
}
```

## 10.3　AT24C02 芯片与单片机通信的典型示例

项目要求：设计按键计数程序，利用单片机（示例型号 AT89C51）的 P1、P2 和 P3 端口分别与按键部分（独立按键 S）、显示部分（LCD1602）和 IIC 协议存储芯片（AT24C02）连接，最终在 LCD1602 显示。在这个项目中，既能学习对 AT24C02 的存储、读取过程，又能熟悉 P3 端口的工作模式。

### 10.3.1　项目仿真和电路图设计

通过 Proteus 绘制项目电路图，并且通过该软件制作 PCB 板，实现电路的设计、仿真和实现，Proteus 仿真电路图如图 10-12 所示。

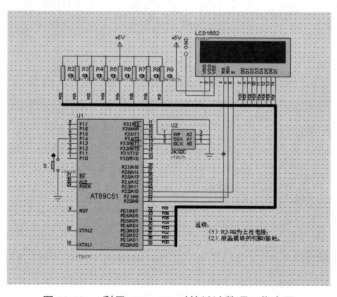

图 10-12　利用 AT24C02 对按键计数项目仿真图

仿真图需用器件如下：

LM016L：2 行 16 列液晶，EN 三个控制端口（共 14 线），工作电压为 5 V，无背光，可显示 2 行 16 列英文字符，有 8 位数据总线 D0～D7；

AT24C02：2 kb 串行 CMOS E2PROM 芯片；

BUTTON（S）：独立按键。

## 10.3.2　项目软件设计

本章主要内容是对 2 kb 串行 CMOS E2PROM 芯片使用的 IIC 通信协议进行详细讲解，而本程序中涉及的定时计数器、LCD1602 和串行数据传输等功能程序已经在前面章节中介绍，所以在本程序中不详解，请主要关注如何利用单片机 I/O 端口高低电平变化来模拟 IIC 通信协议传输的效果。

```
/---------------------------------------程序初始化部分---------------------------------------/
    #include<reg51.h>              //包含单片机寄存器的头文件
    #include<intrins.h>            //包含 nop()函数定义的头文件
    sbit RS=P2^0;                  //寄存器选择位，将 RS 位定义为 P2.0 引脚
    sbit RW=P2^1;                  //读写选择位，将 RW 位定义为 P2.1 引脚
    sbit E=P2^2;                   //使能选择位，将 E 位定义为 P2.2 引脚
    sbit BF=P0^7;                  //忙碌选择位，将 BF 位定义为 P0.7 引脚
    sbit S=P1^4;                   //按键 S 位定义为 P1.4 引脚
    #define   OP_READ   0xa1       //器件地址及读取操作
    #define   OP_WRITE 0xa0        //器件地址以及写入操作
    sbit SDA=P3^4;                 //串行数据总线 SDA 位定义在 P3.4 引脚
    sbit SCL=P3^3;                 //串行数据总线 SCL 位定义在 P3.3 引脚
    unsigned char code digit[ ]={"0123456789"}; //初始化字符数组用以显示数字
/---------------------------------------程序延时子函数部分---------------------------------------/
    void delay1ms()
    {
        unsigned char i,j;
            for(i=0;i<10;i++)
             for(j=0;j<33;j++);
    }
    void delaynms(unsigned char n)
    {
        unsigned char i;
         for(i=0;i<n;i++)
              delay1ms();
    }
/---------------------------------------AT24C02 的读写操作程序源代码---------------------------------------/
    void start()//启动代码
    {
```

```c
    SDA = 1;
    SCL = 1;
    _nop_();
    _nop_();
    SDA = 0;
    _nop_();
    _nop_();
    _nop_();
    _nop_();
    SCL = 0;
}
void stop()//终止代码
{
    SDA = 0;
    _nop_();
    _nop_();
    SCL = 1;
    _nop_();
    _nop_();
    _nop_();
    _nop_();
    SDA = 1;
}
unsigned char ReadData()     //读取数据代码（将 AT24C02 数据读取到单片机）
{
    unsigned char i;
    unsigned char x;
    for(i = 0; i < 8; i++)
    {
        SCL = 1;
        x<<=1;
        x|=(unsigned char)SDA;
        SCL = 0;
    }
    return(x);
}
bit WriteCurrent(unsigned char y) //向当前地址写入数据代码
{
```

```
        unsigned char i;
        bit ack_bit;
        for(i = 0; i < 8; i++)
        {
            SDA = (bit)(y&0x80);
            _nop_();
            SCL = 1;
            _nop_();
            _nop_();
            SCL = 0;
            y <<= 1;
        }
        SDA = 1;
        _nop_();
        _nop_();
        SCL = 1;
        _nop_();
        _nop_();
        _nop_();
        _nop_();
        ack_bit = SDA;
        SCL = 0;
        return    ack_bit;
}
void WriteSet(unsigned char add, unsigned char dat)
{
        start();
        WriteCurrent(OP_WRITE);
        WriteCurrent(add);
        WriteCurrent(dat);
        stop();
        delaynms(4);
}
unsigned char ReadCurrent() //从 AT24C02 芯片当前地址中读取数据
{
        unsigned char x;
        start();
        WriteCurrent(OP_READ);
```

```
        x=ReadData();
        stop();
        return x;
    }
    unsigned char ReadSet(unsigned char set_add)
    {
        start();
        WriteCurrent(OP_WRITE);
        WriteCurrent(set_add);
        return(ReadCurrent());
    }
```
/-----------------------------------------程序主函数代码-----------------------------------------/
```
    void main(void)
    {
        unsigned char sum;      //存储计数值
        unsigned char x;        //存储从 AT24C02 读出来的值
        LcdInitiate();          //对 LCD1602 进行初始化
         sum=0;                 //初始化计数值
        while(1)
          {
              if(S==0)          //如果 S 键被按下
                {
                  delaynms(80); //软件消抖
                   if(S==0)
                     sum++;
                   if(sum==99)  //如果按键按下累计到 99
                     sum=0;     //按键次数清零
                 }
             WriteSet(0x01,sum); //将计数值写入 AT24C02 中的指定地址
             x=ReadSet(0x01);    //从 AT24C02 中读出计数值
             Display(x);         //将计数值显示在 LCD1602 上
          }
    }
```

　　需要补充说明的是，51 单片机内部是不具备 IIC 硬件模块的，所有 51 单片机都是通过对 I/O 端口高低电平变化的控制来模拟 IIC 通信协议。当然，使用 I/O 口高低电平变换模拟 IIC，更有利于彻底理解透彻 IIC 通信的实质。今后如果使用到内部自带 IIC 模块的单片机（例如 STM32），学习 IIC 通信协议会更轻松，使用内部的硬件模块，可以提高程序的执行效率。

## 10.4 利用 PCF8574 芯片扩展 I/O 端口

### 10.4.1 PCF8574 芯片概述

PCF8574 采用 CMOS 电路，它通过两条双向总线（IIC）可使 51 单片机实现 I/O 口扩展。该器件包含一个 8 位准双向口和一个 IIC 总线接口。PCF8574 电流消耗很低，且 I/O 口输出锁存具有大电流驱动能力，可直接驱动 LED。它还带有一条中断接线（INT），可与 MCU 的中断逻辑相连。通过 INT 发送中断信号，远端 I/O 口不必经过 IIC 总线通信就可通知 MCU 是否有数据从端口输入。这意味着 PCF8574 可以作为一个单独被控制器件进一步使用。

PCF8574 芯片具有以下特性：

操作电压 2.5 ~ 6.0 V；

低备用电流（≤10 μA）；

IIC 并行口扩展电路；

开漏中断输出；

IIC 总线实现 8 位远程 I/O 口；

与大多数 MCU 兼容；

输出锁存具有大电流驱动能力，可直接驱动 LED；

通过 3 个硬件地址引脚可寻址 8 个器件（PCF8574A 可多达 16 个）。

DIP16，SO16 或 SSOP20 形式封装。

PCF8574 芯片封装格式如图 10-13 所示。

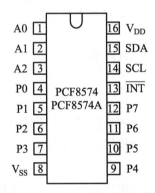

图 10-13　PCF8574 芯片封装示意图

### 10.4.2 利用 PCF8574 芯片实现驱动 LCD 项目

液晶在显示时一般用到 4 根或者 8 根数据线，这样的方式会占用较多的 I/O 口，影响 51 单片机的使用。PCF8574 可以将并行的 8 根数据线转换成只用 2 根数据线进行控制，减少了 I/O 口的使用，提高所使用微处理器的控制能力。本项目利用该芯片实现对 LCD1602 显示器的驱动，当然，只要是扩展 I/O 端口的场景都可以使用 PCF8574 芯片，在仿真软件中，PCF8574 和单片机连接如图 10-14 所示。

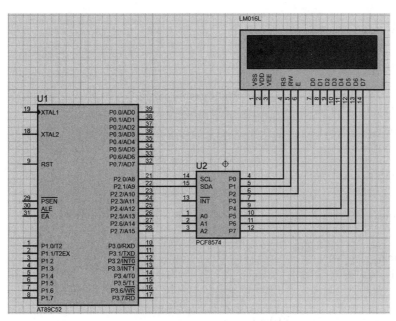

图 10-14　PCF8574 和单片机连接图

　　下面是 PCF8574 扩充单片机 I/O 端口后控制 LCD1602 的代码（请注意，该代码分成 PCF8547 连接部分和 LCD1602 驱动部分，请同学们按照课后习题要求，补充完成其他函数）。

　　PCF8547 连接部分代码：

```
sbit scl=P2^0;
sbit sda=P2^1;
void delay()
{ ;; }
void init()
{
    sda=1;
    delay();
    scl=1;
    delay();
}
void start()
{
    sda=1;
    delay();
    scl=1;
    delay();
    sda=0;
    delay();
}
```

```c
void stop()
{
    sda=0;
    delay();
    scl=1;
    delay();
    sda=1;
    delay();
}
void respons()
{
    uchar i;
    scl=1;
    delay();
    while((sda==1)&&(i<250))i++;
    scl=0;
    delay();
}
void write_byte(uchar date)
{
    uchar i,temp;
    temp=date;
    for(i=0;i<8;i++)
    {
        temp=temp<<1;
        scl=0;
        delay();
        sda=CY;
        delay();
        scl=1;
        delay();
    }
    scl=0;
    delay();
    sda=1;
    delay();
}
uchar read_byte()
{
```

```
    uchar i,k;
    scl=0;
    delay();
    sda=1;
    delay();
    for(i=0;i<8;i++)
    {
        scl=1;
        delay();
        k=(k<<1)|sda;
        scl=0;
        delay();
    }
    return k;
}
void write_add(uchar date1)
{
    start();
    write_byte(0x7e);
    respons();
    write_byte(date1);
    respons();
    stop();
}
uchar read_add()
{
    uchar date1;
    start();
    write_byte(0x71);
    respons();
    date1=read_byte();
    respons();
    stop();
    return date1;
}
LCD1602 驱动部分代码：
void delay1(uchar x)
{
    uchar a,b;
```

```c
        for(a=x;a>0;a--)
          for(b=200;b>0;b--);
}
void write_com(uchar com)
{    uchar com1,com2;
     com1=com|0x0f;
     write_add(com1&0xfc);
     delay1(2);
     write_add(com1&0xf8);
     com2=com<<4;
     com2=com2|0x0f;
     write_add(com2&0xfc);
     delay1(2);
     write_add(com2&0xf8);
}
void write_date(uchar date)
{
     uchar date1,date2;
     date1=date|0x0f;
     write_add(date1&0xfd);
     delay1(2);
     write_add(date1&0xf9);
     date2=date<<4;
     date2=date2|0x0f;
     write_add(date2&0xfd);
     delay1(2);
     write_add(date2&0xf9);

}
void init_lcd()
{
     write_com(0x33);
     delayms(6);
     write_com(0x32);
     delayms(6);
     write_com(0x28);
     delayms(6);
     write_com(0x01);
     delayms(6);
```

```
    write_com(0x06);
    delayms(6);
    write_com(0x0c);
    //write_LCD_Command(0x0f);
    delayms(6);
}
void ShowString(unsigned char x,unsigned char y,unsigned char *str)
{

    if(x == 1)
    {
        write_com(0x80 | y-1);
    }
    if(x == 2)
    {
        write_com(0xc0 | y-1);
    }
    while(*str!='\0')
    {
        write_date(*str);
        str++;
    }
}
```

# 习题

1. 请详细描述 IIC 的时序过程。
2. 51 单片机是如何模拟 IIC 时序完成软件设计的？
3. 使用按键、1602 液晶、AT24C02 芯片做一个简单的密码锁程序。
4. 利用 PCF8574 芯片扩充 I/O 端口，实现 LCD1602 液晶屏显示。

# 第十一章

# 32 位单片机 STM32

# 原理及实训

51 单片机具有应用广泛、价格低廉和易于上手等优点，是教学过程中不可或缺的单片机之一，但是由于处理频率不高、集成功能较少等特点，在实际使用中已经逐渐被其他类型单片机所取代。本章节在学习了 51 单片机的基础上介绍基于 32 位处理器的单片机 STM32。

## 11.1 STM32 单片机概述

### 11.1.1 什么是 STM32

意法半导体（ST）集团于 1988 年 6 月成立，是由意大利的 SGS 微电子公司和法国 Thomson 半导体公司合并而成。1998 年 5 月，公司改名为意法半导体有限公司，成为世界最大的半导体公司之一。STM32 系列是该公司基于高性能、低成本、低功耗的嵌入式应用而专门设计的单片机，目前使用 ARM Cortex®-M0，M0+，M3，M4 和 M7 的内核。该单片机具有以下优势：

极高的性能，具有主流的 Cortex 内核；

丰富合理的外设，合理的功耗，合理的价格；

强大的软件支持，含有丰富的软件包；

全面丰富的技术文档；

芯片型号种类多，覆盖面广；

强大的用户基础，作为最先成功尝试 CM3 芯片的公司，积累了大批的用户群体，为其领先做好铺垫。

### 11.1.2 STM32 单片机和 51 单片机的区别

51 单片机入门最简单，易于学习，控制方便，采用冯诺依曼结构，而 STM32 是 32 位的，功能强大，接口丰富，采用哈佛结构，数据处理速度快，两者主要区别如下：

内核：51 单片机采用的是 51 Core，8 bit@12MHz；STM32 采用的是 ARM Cortex-M3，32 bit@72 MHz；

地址空间：51 单片机只有 64 KB；STM32 有 4 GB；

片上储存器：51 单片机 ROM 只有 2 ~ 64 KB，RAM 仅为 128 B ~ 1 KB；STM32 的 ROM 为 20 KB ~ 1 MB，RAM 有 8 KB ~ 256 KB；

外设：51 单片机仅有三个定时器和一个串口；STM32 却拥有 AD，DA，Timer，WWDG，IWDG，CRC，DMA，IIC，SPI，USART 等众多外设；

开发工具：51 单片机采用的是早期的 UV4，而 STM32 使用的是 UV5；

操作系统：51 单片机连 RTOS 都很难支持，STM32 采用的是 uClinux，uC/OS。

### 11.1.3 STM32F103ZET6 单片机性能介绍

作为 STM32 系列单片机中 F1 产品线的一员，STM32F103ZET6 芯片配置资源有：64 KB SRAM、512 KB FLASH、2 个基本定时器、4 个通用定时器、2 个高级定时器、2 个 DMA 控制器（共 12 个通道）、3 个 SPI、2 个 IIC、5 个串口、1 个 USB、1 个 CAN、3 个 12 位 ADC、

1 个 12 位 DAC、1 个 SDIO 接口、1 个 FSMC 接口以及 112 个通用 I/O 口，以及自带外部总线（FSMC），用以外扩 SRAM 和连接 LCD 等高性能设备，芯片引脚图采用了 LQFP144 封装格式，如图 11-1 所示。

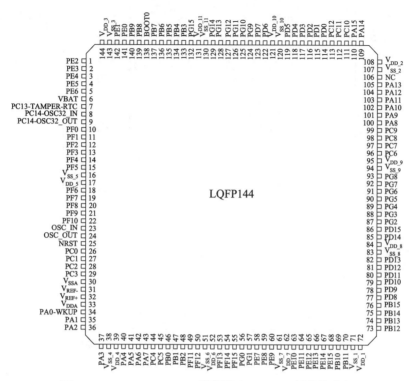

图 11-1　STM32F103ZET6 引脚图（LQFP144 封装格式）

以 STM32F103ZET6 单片机为核心的最小系统板被广泛应用在教学科研、工程设计、工业控制等方面，其实物如图 11-2 所示。

图 11-2　以 STM32F103ZET6 芯片为核心的最小系统板

该最小系统板将 STM32F103ZET6 I/O 引脚全部引出，方便扩展，一路串口直接通过 USB 接口转串口直接引出，方便下载；还包含两个 LED 灯，两个独立按键控制，方便观测，图 11-3 所示是以 STM32F103ZET6 为核心的最小系统板的原理图。

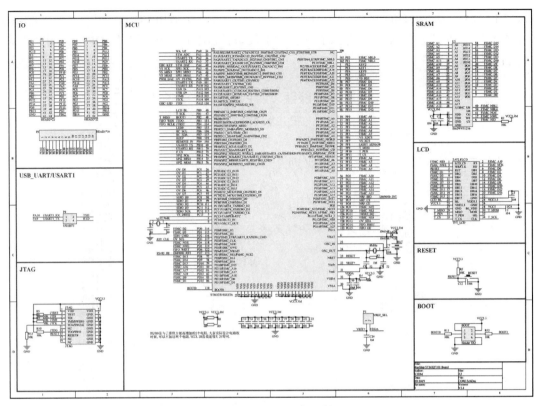

图 11-3　以 STM32F103ZET6 核心最小系统板电路原理图

## 11.2　STM32 固件库

与 51 单片机程序编写不一样的是，因为 STM32 单片机时钟复杂，引脚和寄存器众多，为了方便用户开发程序，ST（意法半导体公司）提供了一套丰富的 STM32 固件库。

### 11.2.1　STM32 固件库开发与寄存器开发的关系

经过对 51 单片机开发实践程序员已经习惯了 51 单片机的寄存器开发方式，那么 STM32 固件库到底是什么？和寄存器开发有什么关系呢？其实用一句话就可以概括：固件库就是函数的集合，固件库函数的作用是向下负责与寄存器直接打交道，向上提供用户函数调用的接口（API）。对于 51 单片机，要控制某些 I/O 端口的状态，直接操作寄存器即可，比如控制 51 单片机 P0 端口全部为高电平的代码是：P0=0x11；而在 STM32 开发过程中，直接使用寄存器的操作代码是：GPIOx->BRR->0x0011；该代码的 BRR 是 GPIO 众多寄存器中的一个，且因为是 32 位处理器，拉高电平的数值应该是 32 位，也就是 0x0011。这种方法当然可以，但是该方法需要用户去掌握每个寄存器的用法，才能正确使用 STM32，而对于 STM32 这种级别的 MCU，有数百个寄存器，这是不现实的。于是 ST 推出了官方固件库，该固件库将这些寄存器底层操作都封装起来，提供一整套接口（API）供开发者调用。大多数场合下，用户不需要知道操作的是哪个寄存器，只需要知道调用哪些函数即可。比如上面通过控制 BRR 寄存器实现电平控制，官方库封装了一个函数：

void GPIO_ResetBits（GPIO_TypeDef* GPIOx，uint16_t GPIO_Pin）

{

　GPIOx->BRR = GPIO_Pin；

}

这个时候就不需要再直接去操作 BRR 寄存器了，只需要知道怎么使用 GPIO_ResetBits（）这个函数就可以了。

### 11.2.2　STM32 官方固件库和文件介绍

ST 提供的固件库完整包可以在官网下载。固件库是在不断完善升级的，所以其有不同的版本，本书以 V3.5 版本的固件库进行介绍，图 11-4 所示是该版本目录列表示意图。

图 11-4　STM32 官方库目录列表示意图

STM32 官方库文件夹介绍：Libraries 文件夹下面有 CMSIS 和 STM32F10x_StdPeriph_ Driver 两个目录，这两个目录包含固件库核心的所有子文件夹和文件。其中 CMSIS 目录下面是启动文件，STM32F10x_StdPeriph_Driver 放的是 STM32 固件库源码文件。源文件目录下面的 inc 目录存放的是 stm32f10x_xxx.h 头文件，无须改动。src 目录下面放的是 stm32f10x_xxx.c 格式的固件库源码文件，每一个.c 文件和一个相应的.h 文件对应。这里的文件也是固件库的核心文件，每个外设对应一组文件。Libraries 文件夹里面的文件在建立工程的时候都会使用到。Project 文件夹下面有两个文件夹。顾名思义，STM32F10x_StdPeriph_Examples 文件夹下面存放的是 ST 官方提供的固件实例源码，在以后的开发过程中，可以通过参考修改这个官方提供的实例来快速驱动用户自己的外设，很多开发板的实例都参考了官方提供的例程源码，这些源码对以后的学习非常重要。STM32F10x_StdPeriph_Template 文件夹下面存放的是工程模板。Utilities 文件夹下就是官方评估板的一些对应源码，这个可以忽略。根目录中还有一个 stm32f10x_stdperiph_lib_um.chm 文件，直接打开后可以知道，这是一个固件库的帮助文档，该文档非常有用，在开发过程中，其会经常被使用到。

## 11.3 STM32 单片机系统架构、时钟和端口复用

### 11.3.1 STM32 单片机系统架构

STM32 单片机的系统架构比 51 单片机更强大，这里讲述的 STM32 单片机系统架构主要针对的是 STM32F103ZET6 芯片。STM32 的系统架构图如图 11-5 所示。

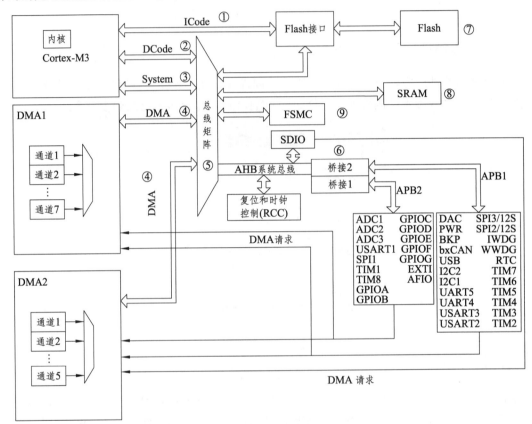

图 11-5　STM32 单片机系统架构图

STM32 主系统主要由四个驱动单元和四个被动单元构成。

四个驱动单元是：内核 DCode 总线、系统总线、通用 DMA1 和 DMA2 总线；

四个被动单元是：AHB 到 APB 的桥、内部 FLASH 闪存、内部 SRAM、FSMC。

DCode 总线：该总线将 M3 内核的 DCode 总线与闪存存储器的数据接口相连接，常量加载和调试访问在该总线上面完成；系统总线：该总线连接 M3 内核的系统总线到总线矩阵，总线矩阵协调内核和 DMA 间访问；DMA 总线：该总线将 DMA 的 AHB 主控接口与总线矩阵相连，总线矩阵协调 CPU DCode 和 DMA 到 SRAM、闪存和外设的访问；总线矩阵：总线矩阵协调内核系统总线和 DMA 主控总线之间的访问，仲裁利用轮换算法。

### 11.3.2 STM32 单片机时钟系统

时钟系统是 CPU 的脉搏，其重要性不言而喻，51 单片机使用的外部时钟源为 12 MHz 或

者 11.059 2 MHz，STM32 单片机的时钟系统比较复杂，不像 51 单片机用一个系统时钟就可以解决。

为什么 STM32 要有多个时钟源呢？因为 STM32 单片机本身结构较复杂，外设也非常得多，但是并不是所有外设都需要系统时钟这么高的频率，比如"看门狗"以及 RTC 只需要几十千赫兹的时钟即可。同一个电路，时钟频率越高功耗越大，同时抗电磁干扰能力也会越弱，所以对于较为复杂的 MCU 一般都是采取多时钟源的方法来解决这些问题。图 11-6 所示是 STM32 系统时钟示意。

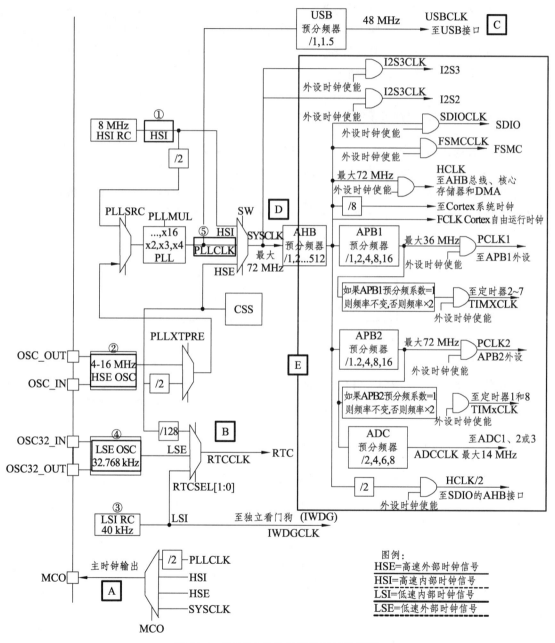

图 11-6　STM32 单片机系统时钟示意图

在 STM32 中，有 5 个时钟源，分别为 HSI、HSE、LSI、LSE、PLL。从时钟频率来看其可以分为高速时钟源和低速时钟源，其中 HIS、HSE 以及 PLL 是高速时钟，LSI 和 LSE 是低速时钟；从来源来看其可分为外部时钟源和内部时钟源，外部时钟源就是指从外部通过接晶振的方式获取时钟源，其中 HSE 和 LSE 是外部时钟源，其他的是内部时钟源。下面对 STM32 的 5 个时钟源进行介绍。

HIS：高速内部时钟，为 *RC* 振荡器，频率为 8 MHz；

HSE：高速外部时钟，可接石英/陶瓷谐振器，或者接外部时钟源，频率范围为 4 ~ 16 MHz；

LSI：低速内部时钟，为 *RC* 振荡器，频率为 40 kHz。独立看门狗的时钟源只能是 LSI；

LSE：低速外部时钟，接频率为 32.768 kHz 的石英晶体，主要作为 RTC 的时钟源；

PLL：锁相环倍频输出，其时钟输入源可选择 HSI/2、HSE 或者 HSE/2，倍频可选择 2 ~ 16 倍，但是其输出频率最大不得超过 72 MHz。

### 11.3.3　STM32 单片机端口复用

STM32 有很多的内置外设，这些外设的外部引脚都是与 GPIO 复用的。也就是说，一个 GPIO 如果可以复用为内置外设的功能引脚，那么当这个 GPIO 作为内置外设使用的时候，就叫作复用。例如，STM32F103ZET6 有 5 个串口，通过查询芯片手册，串口 1 的引脚对应的 IO 为 PA9、PA10，其默认功能是 GPIO，所以当 PA9、PA10 引脚作为串口 1 的 TX、RX 引脚使用的时候，那就是端口复用，如串口 1 的端口复用如表 11-1 所示。

表 11-1　串口 1 的端口复用功能表

| USART1_TX | PA9 |
| --- | --- |
| USART_RX | PA10 |

开启端口复用的步骤如下：

GPIO 端口时钟使能：RCC_APB2PeriphClockCmd（RCC_APB2Periph_GPIOA，ENABLE）；

复用的外设时钟使能：RCC_APB2PeriphClockCmd（RCC_APB2Periph_USART1，ENABLE）；

端口模式配置：在 I/O 复用位内置外设功能引脚的时候，必须设置 GPIO 端口的模式。

### 11.3.4　STM32 单片机端口重映射

为了使不同器件封装的外设 I/O 功能数量达到最优，可以把一些复用功能重新映射到其他一些引脚上。STM32 中有很多内置外设的输入输出引脚都具有重映射（remap）的功能。我们知道每个内置外设都有若干个输入输出引脚，一般这些引脚的输出端口都是固定不变的，在 STM32 中引入了外设引脚重映射的概念，即一个外设的引脚除了具有默认的端口外，还可以通过设置重映射寄存器的方式，把这个外设的引脚映射到其他的端口。简单地讲就是把管脚的外设功能映射到另一个管脚，但这不是可以随便映射的，具体对应关系要和芯片数据手册进行匹配，如串口 1 的端口重映射如表 11-2 所示，从表中可以看出，默认情况下，串口 1 复用的时候的引脚位为 PA9、PA10，同时我们可以将 TX 和 RX 重新映射到管脚 PB6 和 PB7 上面去。

表 11-2　串口 1 的端口重映射功能表

| 复用功能 | USART1_REMAP=0 | USART1_REMAP=1 |
| --- | --- | --- |
| USART1_TX | PA9 | PB6 |
| USART_RX | PA10 | PB7 |

开启端口重映射的步骤如下：

GPIO 端口时钟使能：

RCC_APB2PeriphClockCmd（RCC_APB2Periph_GPIOB，ENABLE）；

使能串口 1 时钟：

RCC_APB2PeriphClockCmd（RCC_APB2Periph_USART1，ENABLE）；

使能 AFIO 时钟：

RCC_APB2PeriphClockCmd（RCC_APB2Periph_AFIO，ENABLE）；

开启重映射：

GPIO_PinRemapConfig（GPIO_Remap_USART1，ENABLE）；

## 11.4　STM32 点亮 LED 灯原理及实训

典型实例要求：利用 STM32 单片机（因不同版本 Proteus 元件库中的 STM32 芯片型号类似，这里采用 STM32F103T6）的 PC0 ~ PC7 引脚连接 8 个 LED 灯，编写程序后，使这 8 个灯依次点亮，实现流水灯效果，实训目的是通过实现同样的流水灯效果，分析 51 单片机和 STM32 单片机程序编写的不同之处。

### 11.4.1　STM32 单片机连接 LED 灯仿真电路图

通过 Proteus 绘制项目电路图，该仿真电路图较简单，只需用 PB6 连接 LED 灯即可，如图 11-7 所示。因为 proteus 默认供电，因此其他引脚不用连接即可实现功能。

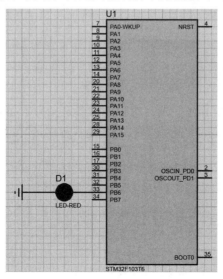

图 11-7　STM32 单片机连接 LED 灯仿真电路图

仿真电路图包含器件如下：

STM32F103T6：STM32 单片机；

LED-RED：单个发光二极管。

## 11.4.2　STM32 单片机连接 LED 灯程序代码

从图 11-7 中可以看出，只要给 PB6 输出一个高电平就可以将 LED 点亮，低电平熄灭。

GPIO 初始化配置：

学习单片机都是从点亮 LED 灯开始的，51 单片机点亮小灯时直接 P1=0 就行了，由于 STM32 的 GPIO 工作模式有 8 种（输入 4 种+输出 4 种），所以在 GPIO 输出之前要先对要操作的 GPIO 进行配置，部分代码如下：

```
void GPIO_Config(void)
{
    GPIO_InitTypeDef GPIO_InitStructure;
    RCC_APB2PeriphClockCmd(RCC_APB2Periph_GPIOB, ENABLE);
    GPIO_InitStructure.GPIO_Pin = GPIO_Pin_6;
    GPIO_InitStructure.GPIO_Speed = GPIO_Speed_50MHz; 50MHz
    GPIO_InitStructure.GPIO_Mode = GPIO_Mode_Out_PP;
    GPIO_Init(GPIOD, &GPIO_InitStructure);
}
```

调用库函数对引脚进行宏定义：

```
#define LED_ON GPIO_SetBits(GPIOB, GPIO_Pin_6)
#define LED_OFF GPIO_ResetBits(GPIOB, GPIO_Pin_6)
```

自编延时函数：

```
void delay(u32 t)                //延时函数
{
    u16 i;
    while(t--)
            for(i=0;i<1000;i++);
}
```

由于 STM32 的主频为 72 MHz，所以这里的形参定义为了 unsigned long（u16）类型，同样下面的变量 i 定义为了 unsigned int 类型，目的是在程序运行过程中占用更多的时间。

主函数：

```
int main()
{
    GPIO_Config();
    while(1)
    {
        LED_ON;
```

```
        delay(1000);
        LED_OFF;
        delay(1000);
    }
}
```

由上述可以看出，delay( )函数的实参设置得比较大，如果换作 100 的话，人眼几乎看不出 LED 灯的闪烁，这是因为主频很高，执行一个循环用的时间更少，只有实参足够大，才能达到延时的效果。

另外对 GPIO 的配置是通过各种函数实现的，这点与 51 单片机有所不同，51 单片机是直接操作寄存器来实现的。其实库函数的本质还是操作寄存器，只不过官方将它封装成了各种函数来方便操作寄存器，毕竟 STM32 的寄存器要比 51 系列多很多，要记住每个寄存器的名称是不容易的，而通过各个函数就可以方便地操作各个寄存器了，在 MDK 开发环境中可以通过右键单击"Go to definition of 'xxx'"来查看各个函数是如何操作寄存器的。

## 11.5  STM32 连接 DHT11 温湿度传感器原理及实训

本章主要内容是对 STM32 单片机进行讲解，主要目的是希望在对 51 单片机学习的基础上实现对 STM32 单片机的了解，因此本项目程序设计要求为根据本章内容对 STM32 单片机 I/O 端口高低电平进行精准控制以实现对外部 LED 灯的流水灯效果。

```
/-----------------------------------程序库函数和预处理函数代码------------------------------------/
#include "stm32f10x.h"
/-----------------------------------------程序延时函数代码--------------------------------------/
void delayxms(uint16_t xms)
{
    uint16_t x,y;
    for(x=xms;x>0;x--)
        for(y=110;y>0;y--);
}
/-----------------------------对 PC0 ~ PC7 端口进行初始化和代码设置-----------------------------/
int main(void)
{
    GPIO_InitTypeDef GPIO_InitStructure;
    RCC_APB2PeriphClockCmd(RCC_APB2Periph_GPIOC, ENABLE);
    GPIO_InitStructure.GPIO_Pin                                                    =
GPIO_Pin_0|GPIO_Pin_1|GPIO_Pin_2|GPIO_Pin_3|GPIO_Pin_4|GPIO_Pin_5|GPIO_Pin_6|GPIO
_Pin_7;
    GPIO_InitStructure.GPIO_Mode = GPIO_Mode_Out_PP;
```

```
        GPIO_InitStructure.GPIO_Speed = GPIO_Speed_10MHz;
        GPIO_Init(GPIOC, &GPIO_InitStructure);
        GPIO_SetBits(GPIOC,GPIO_Pin_0|GPIO_Pin_1|GPIO_Pin_2|GPIO_Pin_3|GPIO_Pin_4|GPI
O_Pin_5|GPIO_Pin_6|GPIO_Pin_7);
/-----------------------------------------程序 DHT11 控制时序代码-----------------------------------------/
while(1)
    {
    GPIO_ResetBits(GPIOC,GPIO_Pin_0);
  delayxms(0xFFFF);
    GPIO_SetBits(GPIOC,GPIO_Pin_0);

    GPIO_ResetBits(GPIOC,GPIO_Pin_1);
  delayxms(0xFFFF);
    GPIO_SetBits(GPIOC,GPIO_Pin_1);

    GPIO_ResetBits(GPIOC,GPIO_Pin_2);
  delayxms(0xFFFF);
    GPIO_SetBits(GPIOC,GPIO_Pin_2);

    GPIO_ResetBits(GPIOC,GPIO_Pin_3);
  delayxms(0xFFFF);
    GPIO_SetBits(GPIOC,GPIO_Pin_3);

    GPIO_ResetBits(GPIOC,GPIO_Pin_4);
  delayxms(0xFFFF);
    GPIO_SetBits(GPIOC,GPIO_Pin_4);

    GPIO_ResetBits(GPIOC,GPIO_Pin_5);
  delayxms(0xFFFF);
    GPIO_SetBits(GPIOC,GPIO_Pin_5);

    GPIO_ResetBits(GPIOC,GPIO_Pin_6);
  delayxms(0xFFFF);
    GPIO_SetBits(GPIOC,GPIO_Pin_6);

    GPIO_ResetBits(GPIOC,GPIO_Pin_7);
  delayxms(0xFFFF);
    GPIO_SetBits(GPIOC,GPIO_Pin_7);
```

```
    }
/-----------------------------------对 PC0 ~ PC7 进行延时点亮代码-----------------------------------/
   while(1)
    {
    GPIO_ResetBits(GPIOC,GPIO_Pin_0);
    delayxms(0xFFFF);
    GPIO_SetBits(GPIOC,GPIO_Pin_0);
    GPIO_ResetBits(GPIOC,GPIO_Pin_1);
    delayxms(0xFFFF);
    GPIO_SetBits(GPIOC,GPIO_Pin_1);
    GPIO_ResetBits(GPIOC,GPIO_Pin_2);
    delayxms(0xFFFF);
    GPIO_SetBits(GPIOC,GPIO_Pin_2);
    GPIO_ResetBits(GPIOC,GPIO_Pin_3);
    delayxms(0xFFFF);
    GPIO_SetBits(GPIOC,GPIO_Pin_3);
    GPIO_ResetBits(GPIOC,GPIO_Pin_4);
    delayxms(0xFFFF);
    GPIO_SetBits(GPIOC,GPIO_Pin_4);
    GPIO_ResetBits(GPIOC,GPIO_Pin_5);
    delayxms(0xFFFF);
    GPIO_SetBits(GPIOC,GPIO_Pin_5);
    GPIO_ResetBits(GPIOC,GPIO_Pin_6);
    delayxms(0xFFFF);
    GPIO_SetBits(GPIOC,GPIO_Pin_6);
    GPIO_ResetBits(GPIOC,GPIO_Pin_7);
    delayxms(0xFFFF);
    GPIO_SetBits(GPIOC,GPIO_Pin_7);
    }
```

实训时请结合 51 单片机类似项目，比较两者的程序代码编写思路和结构，完全理解和掌握 STM32 单片机的编程思路和方法，这是单片机学习过程中的重要组成部分，对今后从事相关工作也能打下良好的基础。

## 习题

1. 请用表格列举 51 单片机和 STM32 单片机的异同点。
2. 阐述 STM32 单片机固件库的文件构成。
3. 利用 51 单片机与 STM32 单片机分别点亮一个 LED 灯，并且分析其程序代码的异同。

4. 利用 51 单片机与 STM32 单片机分别连接 DHT11 温湿度传感器芯片，并分析其程序代码的异同。

5. 结合 51 单片机驱动 4 位数码管的实训案例，请设计利用 STM32 单片机驱动 4 位数码管的仿真电路和驱动代码。

# 参考文献

[ 1 ] 陈海宴. 51 单片机原理及应用——基于 Keil C 与 Proteus. 2 版. 北京：北京航空航天大学出版社，2013.

[ 2 ] 徐涢基，黄建华. 单片机原理及应用. 北京：航空工业出版社，2019.

[ 3 ] 苏珊，高如新，谭兴国. 单片机原理与应用. 成都：电子科技大学出版社，2016.

[ 4 ] 王元一，石永生，赵金龙. 单片机接口技术与应用（C51 编程）. 北京：清华大学出版社，2014.

[ 5 ] 皮大能，党楠，齐家敏，王效华. 单片机原理与应用. 西安：西北工业大学出版社，2019.

[ 6 ] 李友全. 51 单片机轻松入门（C 语言版）. 2 版. 北京：北京航空航天大学出版社，2020.

[ 7 ] 吴险峰. 51 单片机项目教程（C 语言版）. 北京：人民邮电出版社，2016.

[ 8 ] 郭天祥. 新概念 51 单片机 C 语言教程——入门、提高、开发、拓展全攻略. 2 版. 北京：电子工业出版社，2018.

[ 9 ] 宋雪松. 手把手教你学 51 单片机——C 语言版. 2 版. 北京：清华大学出版社，2020.

[10] 沈红卫. STM32 单片机应用与全案例实践. 北京：电子工业出版社，2017.

[11] 何宾. STC 单片机 C 语言程序设计：8051 体系架构、编程实例及项目实战. 北京：清华大学出版社，2018.

[12] 张洋. 原子教你玩 STM32（库函数版）. 北京：北京航空航天大学出版社，2017.

[13] 张洋. 精通 STM32F4（库函数版）. 2 版. 北京：北京航空航天大学出版社，2020.